Scheer · Berns

Was ist Stahl

Eine Stahlkunde für jedermann

15. Auflage von H. Berns

Mit 60 Abbildungen

Springer-Verlag
Berlin · Heidelberg · New York 1980

Dr.-Ing. Hans Berns

Professor am Institut für Werkstoffe der Ruhr-Universität Bochum

CIP-Kurztitelaufnahme der Deutschen Bibliothek

Scheer, Leopold:
Was ist Stahl : e. Stahlkunde für jedermann /
Scheer-Berns. — 15. Aufl. / von H. Berns. —
Berlin, Heidelberg, New York : Springer, 1980.
NE: Berns, Hans; Scheer-Berns, . . .

ISBN 3-540-10061-X 15. Auflage Springer-Verlag Berlin Heidelberg New York
ISBN 0-387-10061-X 15th edition Springer-Verlag New York Heidelberg Berlin

ISBN 3-540-06397-8 14. Auflage Springer-Verlag Berlin Heidelberg New York
ISBN 0-387-06397-8 14th edition Springer-Verlag New York Heidelberg Berlin

Das Werk ist urheberrechtlich geschützt. Die dadurch begründeten Rechte, insbesondere die der Übersetzung, des Nachdrucks, der Entnahme von Abbildungen, der Funksendung, der Wiedergabe auf photomechanischem oder ähnlichem Wege und der Speicherung in Datenverarbeitungsanlagen bleiben, auch bei nur auszugsweiser Verwertung, vorbehalten.
Bei Vervielfältigungen für gewerbliche Zwecke ist gemäß § 54 UrhG eine Vergütung an den Verlag zu zahlen, deren Höhe mit dem Verlag zu vereinbaren ist.
© Springer-Verlag, Berlin/Heidelberg 1937, 1938, 1955, 1958, 1962, 1968, 1974 und 1980.
Die Wiedergabe von Gebrauchsnamen, Handelsnamen, Warenbezeichnungen usw. in diesem Buch berechtigt auch ohne besondere Kennzeichnung nicht zu der Annahme, daß solche Namen im Sinne der Warenzeichen- und Markenschutz-Gesetzgebung als frei zu betrachten wären und daher von jedermann benutzt werden dürfen.
Offsetdruck: fotokop wilhelm weihert KG, Darmstadt · Bindearbeiten: Konrad Triltsch, Würzburg.
Umschlaggestaltung: Paul Effert, Kaarst über Neuß.
2362/3020/543210

Vorwort

Diese kleine Stahlkunde für jedermann versucht, von einem möglichts anschaulichen Bild über den Atomaufbau des Eisens, den Einfluß der Legierungselemente und der Wärmebehandlung auszugehen, um darauf aufbauend die großen Stahlgruppen für bestimmte Anwendungsgebiete wie Baustähle, Werkzeugstähle, korrosionsbeständige Stähle, warmfeste Stähle und Stähle mit besonderen physikalischen Eigenschaften vorzustellen. Ergänzend wird ein kurzer Überblick über die Erzeugung und Prüfung der Stähle gegeben.

In der jetzt vorliegenden 15. Auflage sind die internationalen Einheiten berücksichtigt und die Angaben aus den DIN-Normen und anderen Regelwerken auf den neuesten Stand gebracht worden.

Das Buch wendet sich an technisch interessierte Kaufleute, Techniker und Ingenieure, die nicht Stahlexperten sind, aber häufig mit Stahl zu tun haben bzw. noch in der Ausbildung stehen.

Mai 1980   H. Berns

Inhaltsverzeichnis

1. Definition des Begriffes Stahl 1

2. Atomaufbau 3
   - 2.1. Atomaufbau des Eisens 3
     - 2.1.1. Idealer Atomaufbau 3
     - 2.1.2. Realer Atomaufbau 7
   - 2.2. Atomaufbau des Stahles 9
     - 2.2.1. Mischkristall 9
     - 2.2.2. Löslichkeit 10
     - 2.2.3. Verbindungsbildung 11
     - 2.2.4. Ordnungszustand 12
   - 2.3. Bewegung der Atome im Gitter 12

3. Die Wirkung der Legierungselemente 14
   - 3.1. Einfluß des Kohlenstoffs 14
     - 3.1.1. Langsame Temperaturänderungen 14
     - 3.1.2. Rasche Temperaturänderungen 21
     - 3.1.3. Wärmebehandlung 27
   - 3.2. Einfluß der Legierungselemente 34
     - 3.2.1. Einfluß auf das Umwandlungsverhalten . . . 34
     - 3.2.2. Nachteilige Einflüsse der Eisenbegleiter . . . 41

4. Stähle für bestimmte Anwendungsgebiete 44
   - 4.1. Systematische Bezeichnung der Stähle 44
   - 4.2. Baustähle 46
     - 4.2.1. Unlegierte Baustähle 47
     - 4.2.2. Hochfeste schweißbare Baustähle 47
     - 4.2.3. Zur Wärmebehandlung bestimmte Baustähle . . 51
   - 4.3. Werkzeugstähle 59
     - 4.3.1. Kaltarbeitsstähle 59
     - 4.3.2. Warmarbeitsstähle 65
     - 4.3.3. Schnellarbeitsstähle 68

Inhaltsverzeichnis

4.4. Korrosionsbeständige Stähle 72
    4.4.1. Nichtrostende Stähle 74
    4.4.2. Hitze- und zunderbeständige Stähle 79
4.5. Warmfeste und hochwarmfeste Stähle 81
    4.5.1. Warmfeste Vergütungsstähle 82
    4.5.2. Hochwarmfeste Chromstähle 85
    4.5.3. Hochwarmfeste austenitische Stähle 86
4.6. Stähle mit besonderen physikalischen Eigenschaften .. 87
    4.6.1. Stähle mit besonderer Wärmeausdehnung ... 87
    4.6.2. Stähle mit besonderen magnetischen Eigenschaften 87

5. Prüfung der Stähle 91
    5.1. Chemische Zusammensetzung 91
    5.2. Gefügebeurteilung 91
    5.3. Mechanische Eigenschaften 93

6. Stahlerzeugung 100
    6.1. Erzaufbereitung 100
    6.2. Verhüttung 100
    6.3. Stahlerschmelzung 104
    6.4. Stahlveredelung 106
    6.5. Formgebung 108

Schrifttum 110

Sachverzeichnis 112

Bildanhang 118

1. Definition des Begriffes Stahl

Ursprünglich wurde die Härtbarkeit als das wesentliche Merkmal des Stahles angesehen. Inzwischen gibt es Stähle, die nicht härtbar sind, aber z. B. korrosionsbeständig oder unmagnetisch. Mit der Härtbarkeit läßt sich der Begriff Stahl deshalb nicht mehr beschreiben. Auch die Festlegung, daß Stahl kein Eutektikum enthalten dürfe und es sich sonst um Gußeisen handele, ist überholt. Heute wird die Schmiedbarkeit als das Kennzeichen des Stahles angesehen und die kürzeste Definition lautet: Stähle sind Eisenknetlegierungen.

Diese Festlegung besagt, daß Eisen der Hauptbestandteil des Stahles ist, legiert mit anderen Elementen wie Kohlenstoff, Silizium, Mangan, Chrom, Nickel, Molybdän usw., um besondere Eigenschaften zu erreichen. Die Legierungselemente sind entweder schon als Eisenbegleiter im Roheisen vorhanden oder werden im Stahlwerk der Schmelze zugegeben (legiert), in der sie sich im allgemeinen auflösen und gleichmäßig verteilen. Die Zusätze werden so begrenzt, daß sich die Legierungen schmieden, walzen und auf andere Weise kneten lassen.

Einige Eisenbegleiter wie z. B. Kohlenstoff und Silizium verschlechtern bei höheren Gehalten die gute Knetbarkeit des Eisens so sehr, daß solche Eisenlegierungen nur durch Gießen in eine Form gebracht werden können. Es handelt sich dann nicht mehr um Stahl, sondern um Gußeisen wie z. B. Grauguß, Temperguß, Hartguß, Eisensiliziumguß.

Am häufigsten werden Eisen-Kohlenstoff-Knetlegierungen hergestellt. Man bezeichnet sie meist als unlegierte Stähle oder — wegen der großen Erzeugungsmengen — als *Massenstähle*. Sie werden im allgemeinen nach ihrer Festigkeit und nicht nach ihrer chemischen Zusammensetzung verkauft, enthalten kleine erzeugungsbedingte und zum Teil auch gewollte Gehalte an anderen Elementen wie z. B. Mangan, Silizium und erfahren außer ggf. einer Glühbehandlung keine gesonderte Wärmebehandlung nach dem Walzen oder Schmieden. Diese Massenstähle finden breite Anwendung im Hoch-, Tief-, Stahl-, Schiffs- und Rohrleitungsbau.

Unlegierte und leicht legierte Stähle, die nach ihrer in engen Grenzen erschmolzenen chemischen Zusammensetzung gehandelt werden und eine Wärmebehandlung zur Verbesserung der Gebrauchseigenschaften erhalten, bezeichnet man als *Qualitätsstähle*. Anwendungsgebiete sind z. B. der Fahrzeug- und Maschinenbau.

Hochlegierte Stähle werden *Edelstähle* genannt. Aber auch unlegierte oder niedriglegierte Stähle können als Edelstähle gelten, wenn sie gleich sorgfältig erzeugt und kontrolliert werden sowie den gleichen Grad der Reinheit und der Gleichmäßigkeit der Eigenschaften erreichen. Beispiele für Edelstähle sind: Werkzeugstähle, korrosionsbeständige Stähle, hochwarmfeste Stähle.

2. Atomaufbau

Wie alle Dinge, die uns umgeben, ist auch Stahl aus Atomen aufgebaut. Die Antwort auf die Frage „Was ist Stahl?" sollte deshalb mit diesen kleinen Bausteinen beginnen. Wir wollen einfache Vorstellungen über den Atomaufbau entwickeln, die uns später bei der Erklärung vieler Vorgänge helfen können. Dabei gehen wir davon aus, daß es sich bei den Atomen um kleine Kugeln handelt. Zur Vereinfachung werden wir von den verschiedensten Eigenschaften dieser Atome zunächst nur ihre Durchmesser, d. h. die Größe der Kugeln, betrachten. Wichtig ist noch, daß jedes Element aus lauter gleichgroßen Atomen besteht.

2.1. Atomaufbau des Eisens

Da Eisen der Hauptbestandteil des Stahles ist, beginnen wir mit dem Atomaufbau des reinen Eisens ohne Legierungselemente, und zwar zuerst für den idealen Fall eines fehlerfreien Zustandes.

2.1.1. Idealer Atomaufbau

Eisen ist ein Element. Der Durchmesser seiner Atomkugeln beträgt $\sim 0{,}25$ nm. Das ist unvorstellbar klein, da 1 Nanometer einem millionstel Millimeter (10^{-6} mm) entspricht.

In der Eisenschmelze befinden sich diese gleichgroßen Atomkugeln zwar dicht beieinander, aber völlig regellos und ohne feste Ordnung. Bei der Erstarrung ordnen sie sich und werden in den drei Richtungen des Raumes in gleichen wiederkehrenden Abständen aneinandergereiht. So bilden die Atomkugeln ein regelmäßiges Raumgitter, Kennzeichen eines Kristalles.

Eisen kommt in unterschiedlichen Kristallformen[1] vor. Wir unterscheiden die α- und die γ-Ordnung des Raumgitters. (Bei sehr hohem Druck — über 100 kbar — ist auch noch eine ε-Ordnung bekannt.)

---

[1] Zur Kennzeichnung werden die griechischen Buchstaben α (Alpha), β (Beta), γ (Gamma), δ (Delta) und ε (Epsilon) verwendet.

2. Atomaufbau

γ-Eisen. Betrachten wir zuerst die γ-Ordnung. In Bild 1 a sind die gleichgroßen Atomkugeln des Elementes Eisen zu einem Raumgitter nach der γ-Ordnung gepackt. Man kann sich dieses Atomgitter aus lauter gleichen würfelförmigen Zellen aufgebaut denken, von denen eine in Bild 1 b dargestellt ist. In den acht Ecken und den Flächenzentren einer solchen Elementarzelle sitzt je ein Atom. Dieser Ordnungszustand des Raumgitters wird als kubisch flächenzentriert bezeichnet (Kubus = Würfel).

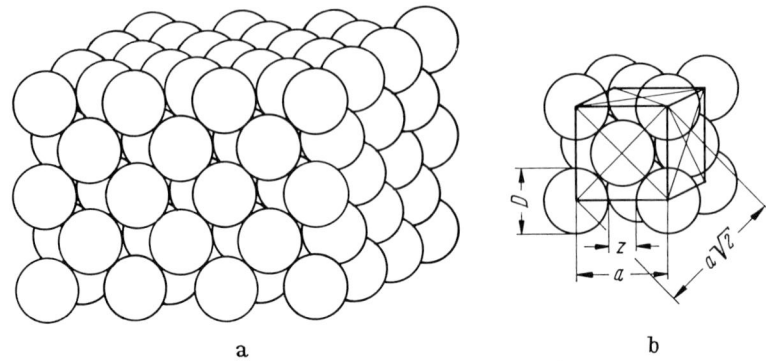

a　　　　　　　　　b

Bild 1. a) Regelmäßige Anordnung von Eisenatomen im kubisch flächenzentrierten γ-Eisen; b) Elementarzelle des γ-Eisens; D Durchmesser des Eisenatoms, a Kantenlänge der Elementarzelle (Gitterparameter), z Zwischengitterplatz

Die charakteristische Größe des Raumgitters ist die Kantenlänge der Elementarzelle, auch Gitterparameter a genannt. Sie läßt sich durch einfache Überlegung aus dem Atomdurchmesser D des Eisens ableiten. Die Atomkugeln berühren sich in Richtung der Flächendiagonalen d_F einer Elementarzelle. Auf ihr sind zwei halbe und ein ganzes Atom aufgereiht (Bild 1 b), d. h. $d_F = 2\,D = a\,\sqrt{2}$ und $a \cong 0{,}36$ nm. In Richtung der Kanten des Elementarwürfels berühren sich die Atome nicht. Es bleibt ein Zwischenraum $z = a - D \cong 0{,}11$ nm.

α-Eisen. Wenden wir uns nun dem α-Eisen zu, dessen Ordnung der Atome im Raumgitter in Bild 2 a dargestellt ist. Die Elementarzelle in Bild 2 b besitzt ebenfalls Würfelform, aber anstatt der Flächenmitten ist das Raumzentrum mit einem Atom besetzt. Man spricht von kubisch raumzentrierter Packung. Die Atome berühren sich hier

2.1. Atomaufbau des Eisens

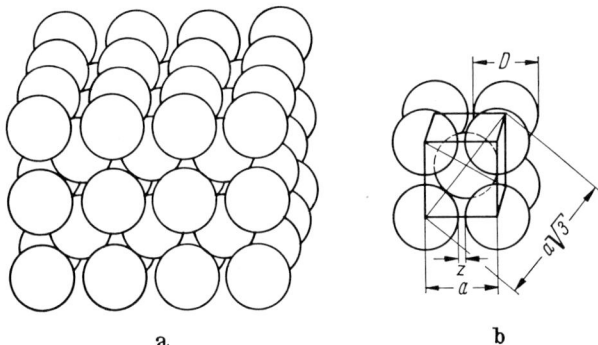

Bild 2. a) Regelmäßige Anordnung von Eisenatomen im kubisch raumzentrierten α-Eisen; b) Elementarzelle des α-Eisens. Bezeichnungen wie im Bild 1. b)

in Richtung der Raumdiagonalen d_R der Elementarzelle und es ist $d_R = 2D = a\sqrt{3}$, so daß $a \cong 0{,}29$ nm. Die Elementarzelle des α-Eisens ist also kleiner als die des γ-Eisens. Das ist einleuchtend, da sie weniger Atome enthält. Auch der Zwischenraum im α-Eisen ist kleiner $z = a - D \cong 0{,}04$ nm. Dieses Ergebnis unserer kleinen Rechnung ist wichtig und wird bei der Besprechung der Mischkristalle und des Martensits noch benötigt.

Die Umwandlung. Nun liegt die Frage nahe, unter welchen Bedingungen das Eisen ein α- oder γ-Gitter bildet. Bei Atmosphärendruck ist das allein von der Temperatur abhängig. Bei niedrigen Temperaturen liegt α-Eisen vor, das bei 911 °C umkristallisiert zu γ-Eisen, welches bei 1392 °C wieder zu einem α-Gitter umwandelt, das man aber zur Unterscheidung nicht als α-Eisen, sondern als δ-Eisen bezeichnet. δ-Eisen schmilzt nach weiterer Erwärmung bei 1536 °C. Wird die Schmelze wieder abgekühlt, so erfolgen die Umwandlungen zu δ-, γ- und α-Eisen bei fast den gleichen Temperaturen. Die beiden Raumgitter des Eisens haben feste Temperaturbereiche, in denen sie beständig sind.

Die Atome legen bei der Umkristallisation nur kleine Wege zurück, die Bruchteile des Gitterparameters betragen. Denken wir uns zwei Elementarzellen des γ-Eisens aufeinandergestellt (Bild 3). Man erkennt, daß die Atome der Flächenmitten eine kleinere, raumzentrierte Zelle darstellen. Zieht sich diese gestrichelt angedeutete Zelle in der Höhe ein wenig zusammen, und geht sie dafür in der Breite und Tiefe geringfügig auseinander, so haben wir eine kubische Elementarzelle des α-Eisens bzw. δ-Eisens vor uns. Bei Erreichen der Umwandlungstemperatur springen die Atome plötzlich in die neue Lage. Man spricht von einem Umklappen des Gitters.

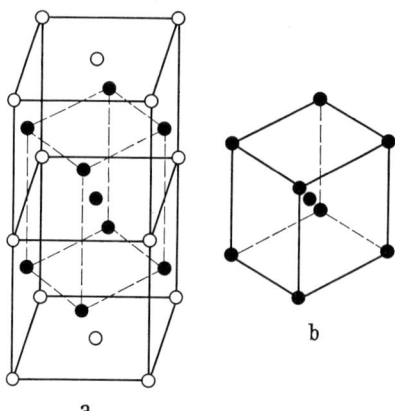

Bild 3. γ/α-Umwandlung durch geringfügige Lageveränderung der Eisenatome; a) zwei übereinander stehende Elementarzellen des kubisch flächenzentrierten γ-Eisens; b) daraus entstandene kubisch raumzentrierte Elementarzellen des α-Eisens. (Zur besseren Übersicht sind nur die Mittelpunkte der Eisenatome gezeichnet.)

Trotz der größeren Zwischenräume sind die Atomkugeln im γ-Eisen dichter gepackt als im α-Eisen, so daß mit der Umwandlung von γ- in α- bzw. δ-Eisen eine kleine Volumenzunahme verbunden ist. Wer sich zur besseren Vorstellung die Mühe macht, aus kleinen Spielzeugkugeln oder Tischtennisbällen ein paar Elementarzellen zusammenzuleimen wird bald merken, daß man Kugeln gar nicht dichter auf Lücke packen kann, als es im kubisch flächenzentrierten Gitter der Fall ist. Auch wird er feststellen, daß im γ-Eisen jedes Atom von 12 Nachbaratomen direkt berührt wird, während das bei α-Eisen nur 8 Nachbarn tun. Im α-Eisen gibt es also mehr Zwischenräume, die daher kleiner sind, als im γ-Eisen.

Von sprunghaften Volumenänderungen bei der Umwandlung abgesehen, nimmt das spezifische Volumen des Eisens (Volumen/Masse) mit der Temperatur stetig zu. Am absoluten Nullpunkt bei −273 °C sitzen die Atome bewegungslos an ihren Plätzen im Gitter. Wird Wärmeenergie zugeführt, so beginnen sie um ihre Gitterplätze zu schwingen und stoßen sich gegenseitig ein wenig auseinander. Die Temperatur steigt. Der Gitterparameter und damit das spezifische Volumen nehmen zu. Wir kennen diese Erscheinung unter dem Begriff

„Wärmeausdehnung". Beim Schmelzpunkt sind die Atomschwingungen so stark geworden, daß das Raumgitter zerfällt und sich der ungeordnete flüssige Zustand einstellt.

2.1.2. Realer Atomaufbau

So fein säuberlich wie im vorigen Abschnitt beschrieben sind die Atome in einem Stück technischen Eisens nicht überall geordnet.

Korngrenzen. Da ist zunächst zu erwähnen, daß ein Eisenstab nicht als ein einziger durchgehender Kristall zu verstehen ist, wie etwa ein frei gewachsener Bergkristall mit seinen ebenmäßigen Flächen. Vielmehr besteht der Stab aus vielen kleinen fest zusammengewachsenen Kristallen, Kristallite oder Körner genannt, und das hat folgende Ursache: Die ungeordneten Atome einer Schmelze gehen bei der Erstarrung in ein geordnetes Raumgitter über. Dazu müssen aber erst einmal einige Atome den Anfang machen und sich zu einem ersten Ansatz von Kristallgitter, einem Kristallisationskeim zusammenfinden, der dann durch Anlagern weiterer Atome wächst. Solche Keime entstehen nun gleichzeitig an vielen Stellen der Schmelze, und sie wachsen bis sie einander berühren und kein flüssiges Eisen mehr übrig ist. Da die Gitterrichtungen der Keime zufällig sind und von Keim zu Keim verschieden sein können, gehen die Raumgitter der einzelnen Körner nicht nahtlos ineinander über. Sie sind vielmehr gegeneinander geneigt, wodurch am Übergang von einem zum andern Korn eine wenige Atome breite ungeordnete Zone, die Korngrenze entsteht (Bild 4). Sie umschließt als Fläche die einzelnen Körner.

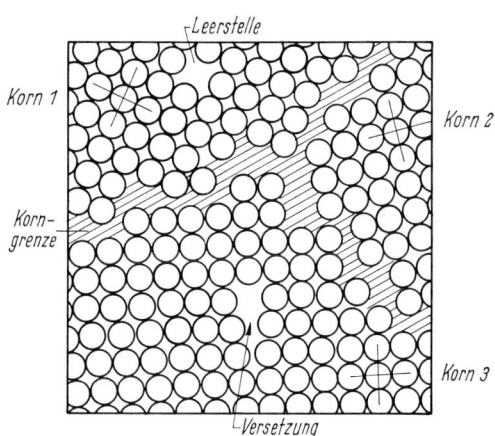

Bild 4. Korngrenzen als Nahtstelle von Kristallkörnern mit unterschiedlicher Gitterrichtung; weitere Gitterfehlstellen wie Versetzung und Leerstelle

2. Atomaufbau

Versetzungen. Die einzelnen Kristallkörner sind in sich auch nicht frei von Gitterfehlern. Schon bei der Erstarrung, aber auch bei der weiteren Verarbeitung bilden sich Versetzungslinien im Gitter, das sind lange röhrenförmige Fehlstellen von nicht einmal einem Atomdurchmesser Weite. Das Raumgitter ist entlang einer solchen Linie versetzt, weil z. B. eine halbe Gitterebene von Atomen völlig fehlt (Bild 4). Die Gesamtlänge aller Versetzungen in 1 cm³ Eisen beträgt etwa 500 km. Diese beachtliche Länge ist in 1 cm³ nur deshalb unterzubringen, weil der Durchmesser der Röhrchen so klein ist. Durch Kaltverformung werden weitere Versetzungen erzeugt, und zwar bis zu 10 Mill. km/cm³. Da im Bereich einer Versetzung das Gitter verspannt ist, weil der regelmäßige Aufbau gestört wurde, kann man verstehen, daß mit der Zahl der Versetzungen die Verspannung im Gitter ansteigt. Das Metall wird dadurch härter und fester. Diese Erscheinung ist als Kaltverfestigung bekannt und wird in der Kaltumformung häufig ausgenutzt. Als Beispiel sei der Federdraht einer kleinen Spiralfeder erwähnt. Die Erzeugung von Versetzungen beim Kaltziehen erhöht die Verspannungen im Gitter so, daß der Draht Federhärte annimmt. Durch Erwärmung, d. h. verstärkte Schwingung der Atome im Gitter, werden die Versetzungen beweglich, lösen sich zum Teil auf und verteilen sich gleichmäßiger im Kristall. Die ärgsten Verspannungen werden gemildert. Die Zähigkeit, die durch die Kaltverformung gelitten hatte, erholt sich etwas. An diese Phase der Erholung schließt sich nach weiterer Erwärmung bei ca. 600 °C eine völlige Neuordnung des stark gestörten Gitters an, die als Rekristallisation bezeichnet wird (Bild 5). Wie bei der Erstarrung geht auch die Rekristallisation von Keimen

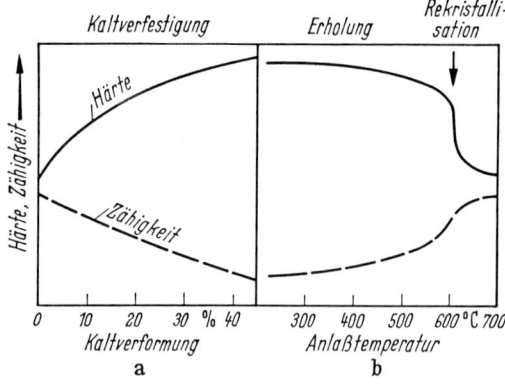

Bild 5. Änderung der Härte und Zähigkeit von Eisen und niedrig legierten Stählen (schematisch); a) durch Kaltverformung; b) durch Anlassen des kaltverformten Zustandes

aus, also zufällig günstig gelagerten Atomgruppen, die den Ansatz eines neuen Gitters bilden, das dann weiter in das von Versetzungen gestörte Gitter hineinwächst.

Ist die Verformungstemperatur so hoch, daß die gebildeten Versetzungen und damit die Verfestigung sofort wieder durch Rekristallisation beseitigt werden, so spricht man von Warmverformung. Beispiel: Beim Kaltwalzen steigt die Festigkeit mit jedem Durchgang durch die Walze (auch Stich genannt) an, weil mehr Versetzungen dazukommen. Warmgewalztes Blech ist vor jedem neuen Stich rekristallisiert, also versetzungsarm und daher gleichbleibend weich.

Leerstellen. Sind einzelne Gitterplätze nicht mit Atomen besetzt, spricht man von Leerstellen (Bild 4). Ihre Zahl nimmt mit der Temperatur zu, da die Atome stärker schwingen und eher einmal auf einen Zwischengitterplatz oder in Richtung Oberfläche springen. Bei 700 °C ist z. B. jeder 100 000ste Gitterplatz leer. Leerstellen sind *punkt*förmige Gitterfehler im Gegensatz zu Versetzungs*linien* und Korngrenzen*flächen*.

2.2. Atomaufbau des Stahles

Wir haben es bei Stahl nicht mit reinem Eisen zu tun, andere Elemente sind zulegiert. Die Frage ist, wo die Atome dieser Legierungselemente im Eisen bleiben.

2.2.1. Mischkristall

Wir hatten gesagt, daß die Legierungsatome im Stahlwerk in der Stahlschmelze gelöst, d. h. gleichmäßig zwischen den Atomen des Eisens verteilt sind, etwa wie Salz im Wasser. Nach der Erstarrung ist eine solche gleichmäßige Verteilung der Legierungsatome im Eisengitter auch möglich. Man bezeichnet sie als feste Lösung oder Mischkristall, von dem es zwei Arten gibt.

Haben die Legierungsatome etwa den gleichen Durchmesser wie die Eisenatome, so nehmen sie im Kristallgitter einfach deren Gitterplätze ein. Sie ersetzen (substituieren) einzelne Eisenatome. Das Ergebnis ist ein Substitutionsmischkristall. Nickel (Atomdurchmesser $\sim 0{,}25$ nm) und Chrom ($\sim 0{,}25$ nm) sind Beispiele für Legierungselemente, die Substitutionsmischkristalle mit dem Eisen bilden (Bild 6).

Sind die Atome der Legierungselemente klein, so können sie zwischen die Eisenatome in das Gitter eingelagert werden. Sie nehmen dort Zwischengitterplätze ein. Man spricht von Einlagerungsmischkristallen.

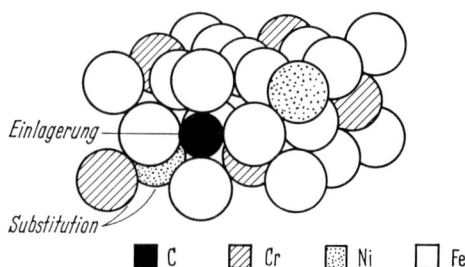

Bild 6. Beispiel eines γ-Mischkristalls (schematisch): Austenitischer Stahl X 10 CrNi 18 8 mit 0,1% Kohlenstoff (auf Zwischengitterplätzen eingelagert) und 18% Chrom sowie 8% Nickel (anstelle von Eisenatomen substituiert)

Kohlenstoff (Atomdurchmesser ~ 0,15 nm) bildet z. B. einen Einlagerungsmischkristall mit dem Eisen (Bild 6).

Substitution und Einlagerung können gleichzeitig in einem Kristall vorkommen. So substituieren im nichtrostenden Chrom-Nickel-Stahl Atome der Legierungselemente Chrom und Nickel einen Teil der Eisenatome im kubisch flächenzentrierten Gitter, während Kohlenstoff und unter Umständen noch Stickstoff auf Zwischengitterplätzen eingelagert sind (Bild 6).

Werden andere Atome im α-Eisen gelöst, so spricht man von α-Mischkristall oder Ferrit, bei Lösung im γ-Eisen von γ-Mischkristall oder Austenit.

2.2.2. Löslichkeit

Es ist leicht einzusehen, daß in γ-Eisen wegen seiner größeren Zwischengitterplätze kleine Legierungsatome besser eingelagert werden können als in α-Eisen. Aber selbst für die größeren Zwischengitterplätze des γ-Eisens sind die meisten Atome schon zu groß. Die Einlagerung von Atomen, die größer sind als die Zwischengitterplätze, bewirkt eine Verzerrung des Eisengitters, die um so stärker wird, je mehr Atome eingelagert werden und schließlich die Lösungsfähigkeit des Eisengitters für das Legierungselement begrenzt. Ähnlich wird auch die Lösung von Legierungsatomen auf Gitterplätzen sehr erschwert, wenn sie im Atomdurchmesser mehr als 15% vom Eisen abweichen.

Da die Atome mit steigender Temperatur stärker schwingen und das Gitter aufweiten (der Gitterparameter nimmt zu), werden die Gitter- und Zwischengitterplätze auch etwas größer. Das Ergebnis ist eine bessere Aufnahmefähigkeit des Eisengitters für Legierungsatome, mit anderen Worten die Löslichkeit steigt mit der Temperatur.

2.2.3. Verbindungsbildung

Sind die Atome der Legierungselemente zu sehr von den Eisenatomen verschieden, so werden sie im festen Eisen kaum gelöst, obwohl sie in der Schmelze atomar verteilt, also gelöst waren. Da sie auf den Gitter- und Zwischengitterplätzen wegen ihrer Größe und sonstigen unpassenden Eigenschaften nicht unterkommen können, müssen sie sich außerhalb des Eisengitters in getrennten Bereichen ansammeln. Dort verbinden sie sich meist mit Eisen oder anderen Legierungselementen und formen eine eigene Gitterordnung, also praktisch kleine Kristallite in oder zwischen den Kristallkörnern des Eisens (Bild 7). Wir haben dann keinen Mischkristall mehr vor uns, sondern ein Kristallgemisch. Beispiel: Kohlenstoff wird in α-Eisen bis zu etwa 0,02%

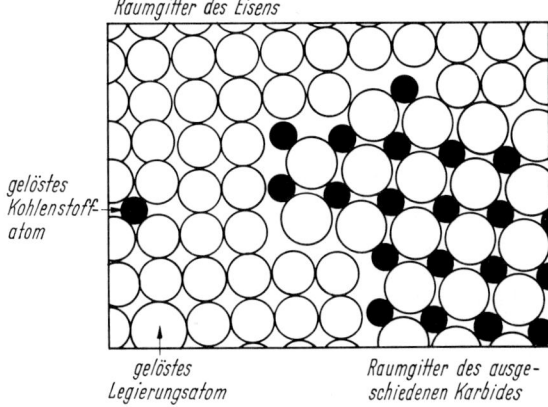

Bild 7. Aus dem Raumgitter des Eisens ausgeschiedenes Karbid eines Legierungselementes (schematisch) ● C, ◯ Fe, ◯ Legierungselemente, z. B. W

gelöst in Form eines Einlagerungsmischkristalles. Höhere Gehalte werden nicht mehr eingelagert, sondern verbinden sich mit Eisen und anderen Legierungsmetallen zu Karbiden. Sie sind als kleine Kristallite mit eigenem Gitteraufbau auf den Korngrenzen oder in den Ferritkörnern abgelagert. Weitere Beispiele für die Bildung von Verbindungen mit eigenen Gitterordnungen sind Nitride, Boride, Oxyde und die vielen intermetallischen Verbindungen wie die Lavesphase (z. B. Fe_2W), die Sigma-Phase (z. B. FeCr) oder die $γ'$-Phase (z. B. Ni_3Ti). Der Gitteraufbau dieser Verbindungen ist oft sehr kompliziert. Ihre Elementarzelle kann die Form eines in die Länge gezogenen Würfels haben. Das ist dann nicht mehr kubisch sondern tetragonal. Hat sie die Form eines Ziegelsteins, wird sie rhombisch genannt. Bei sechseckigem Grundriß spricht man von hexagonalem Gitteraufbau usw. Wir wollen auf die verschiedenen Ordnungsmöglichkeiten von Atomen im Raumgitter nicht weiter eingehen, sondern uns nur merken, daß kubisch flächen- und raumzentriert nicht die einzigen Möglichkeiten der Natur sind, Atome zu ordnen.

Wird die Temperatur erhöht, so lösen sich die Verbindungen oft im Eisengitter auf, weil durch die stärkere Schwingung der Atome größere Gitter- und Zwischengitterplätze angeboten werden. Umgekehrt wird den Legierungsatomen bei Wiederabkühlung der Platz im Gitter zu eng. Sie scheiden wieder aus dem Gitter aus und bilden erneut Verbindungen.

2.2.4. Ordnungszustand

Bei unserem Einblick in den Atomaufbau haben wir recht unterschiedliche Anordnungen von Atomen kennengelernt. Da war die Schmelze mit ihrem ungeordneten Zustand, die strenge Ordnung im α-Eisen und im γ-Eisen sowie die Atomordnungen in den Verbindungen. Jeden dieser Ordnungszustände bezeichnet man als Phase. Die Schmelze ist eine Phase, α-Eisen oder Ferrit eine andere und ein Karbid wieder eine andere, weil sich die Atome jeweils in einem anderen Zustand der Ordnung befinden. Bestehen alle Kristallkörner eines Stahles aus einer Phase, d. h. haben sie alle das gleiche Raumgitter, so spricht man von homogenem Stahl. Beispiel war der in Bild 6 erwähnte Chrom-Nickel-Stahl. Sind Kristallkörner einer zweiten oder weiteren Phase vorhanden, so handelt es sich um einen heterogenen Werkstoff. Beispiel ist ein Stahl mit Karbiden. Das aus dem Griechischen stammende Wort homogen bedeutet „gleichmäßig aufgebaut", heterogen dagegen „aus Ungleichartigem zusammengesetzt".

2.3. Bewegung der Atome im Gitter

Wir wissen schon, daß die Atome auf ihrem Platz im Gitter schwingen, und zwar bei höherer Temperatur intensiver. Betrachten wir zunächst ein eingelagertes Atom z. B. ein Kohlenstoffatom. In dem Moment, in dem gerade die umliegenden Eisenatome auf ihren Gitterplätzen auseinanderschwingen, kann das Kohlenstoffatom zwischen

2.3. Bewegung der Atome im Gitter

ihnen hindurch auf den nächsten Zwischengitterplatz schlüpfen. Wenn die folgenden Eisenatome für einen Moment Platz machen, kann es einen weiteren kleinen Sprung zum folgenden Zwischengitterplatz tun usf. Auf diese Weise springt es von Platz zu Platz durch das Eisengitter, es diffundiert (Bild 8a). Diese Diffusion in einer Richtung erfolgt aber nur dann, wenn das Kohlenstoffatom von hinten geschoben wird, d. h. wenn hinter ihm mehr Kohlenstoffatome sind als vor ihm. Ein Beispiel: Eine Anhebung der Temperatur führt zur teilweisen Auflösung eines Karbides. Im Karbid ist der Kohlenstoff angereichert. Das umgebende Eisengitter enthält weniger Kohlenstoffatome. Diese wandern daher vom Karbid weg ins Eisengitter bis dort so viele sind, daß die Diffusion stockt und sich ein Kohlenstoffgleichgewicht zwischen Karbid und Eisengitter eingestellt hat.

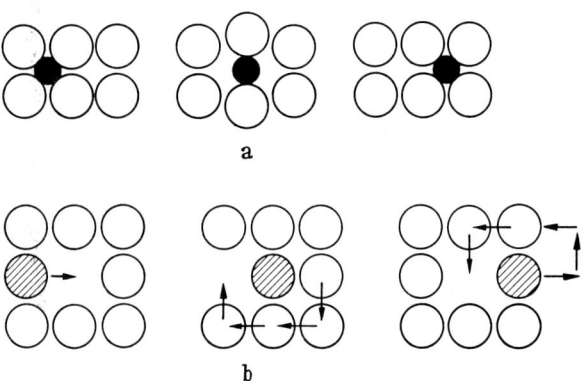

Bild 8. Diffusion im Eisen (schematisch); a) Diffusion eingelagerter Atome über Zwischengitterplätze, b) Diffusion von substituierten Atomen im Wechselspiel mit Leerstellen

Ein substituiertes Atom, sagen wir ein Nickelatom, ist größer als ein eingelagertes und kann nicht so einfach über Zwischengitterplätze seinen Weg nehmen. Da kommen die Leerstellen zu Hilfe. Sie bilden Ausweichplätze für im Wege stehende Eisenatome (Bild 8b). Auch hier gilt, daß die Diffusion mit steigender Temperatur und dem Nachschub, d. h. dem Konzentrationsunterschied zunimmt.

3. Die Wirkung der Legierungselemente

Durch geschickte Auswahl und Dosierung der Legierungselemente sowie durch Wärmebehandlung werden die unterschiedlichen Eigenschaften in den Stählen erzielt. Wir wollen uns deshalb mit der Wirkung der Legierungselemente im Stahl im Zusammenspiel mit der Wärmebehandlung eingehend befassen und dabei das über den Atomaufbau Gelernte anwenden.

3.1. Einfluß des Kohlenstoffs

Für die überwiegende Stahlmenge ist der Kohlenstoff das wichtigste Legierungselement. Wir haben schon gesehen, daß er im Eisengitter auf Zwischengitterplätzen eingelagert werden kann. Die Löslichkeit des Eisengitters für Kohlenstoff steigt mit der Temperatur und wird mit der α-γ-Umwandlung sprunghaft erhöht, weil durch die Umkristallisation die Zwischengitterplätze größer werden. Wird die Aufnahmefähigkeit des Eisengitters überschritten, so können sich Karbide bilden. Dazu verbinden sich drei Eisenatome mit einem Kohlenstoffatom zu dem Karbid Fe_3C, auch Zementit genannt. Den Einfluß der Temperatur auf die Verteilung des Kohlenstoffs im Stahl müssen wir noch genauer betrachten. Beginnen wir mit langsamen Temperaturänderungen.

3.1.1. Langsame Temperaturänderungen

Die langsamen Temperaturänderungen sollen dem Kohlenstoff ausreichend Zeit zur Wanderung durch das Eisengitter geben. Er soll die Möglichkeit haben, sich der jeweiligen Temperatur entsprechend zu verteilen und z. B. ein Gleichgewicht zwischen Karbid und Eisengitter einzustellen, wie es in Abschnitt 2.3 über die Diffusion beschrieben wurde.

Löslichkeit des Kohlenstoffs im Eisen. Zunächst tragen wir in eine senkrechte Temperaturachse den α-γ-Umwandlungspunkt bei 911 °C ein. Dann legen wir eine waagerechte Achse für den Kohlenstoffgehalt an (Bild 9a). Die zwar geringe, aber mit der Temperatur zunehmende Löslichkeit des Kohlenstoffs im α-Eisen können wir in diesem Diagramm durch Kurve 1 ausdrückt. Je höher die Temperatur um so wei-

3.1. Einfluß des Kohlenstoffs

ter verläuft die Linie nach rechts zu größeren Kohlenstoffgehalten. Links der Kurve 1 ist der Kohlenstoff gelöst, rechts davon ist die Löslichkeit überschritten, und es müssen Karbide vorhanden sein.

Die Löslichkeit des Kohlenstoffs im γ-Eisen ist wegen der geräumigeren Zwischengitterplätze größer als im α-Eisen und kann durch Kurve 2 in Bild 9a beschrieben werden. Links der Kurve besteht nur Austenit, rechts der Kurve kommen Karbide hinzu.

Verschiebung der α-γ-Umwandlungstemperatur. Das α-Eisengitter mit seinen kleinen Zwischengitterplätzen wird durch die viel zu großen eingelagerten Kohlenstoffatome unter inneren Druck gesetzt. Was liegt näher, als daß die Atome dichter zusammenrücken, d. h. sich zu der

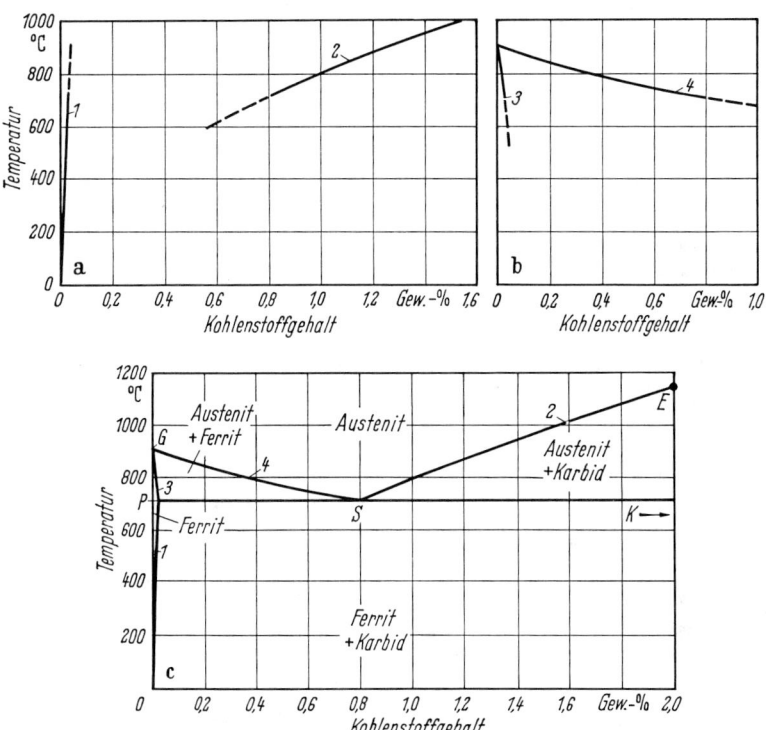

Bild 9. a) Löslichkeit des Kohlenstoffs im Ferrit (Kurve 1) und Austenit (Kurve 2); b) Senkung des Umwandlungsbeginns der α/γ (Kurve 3) und γ/α Umwandlungstemperatur (Kurve 4) durch Kohlenstoff; c) Zusammenbau von a) und b) zu einem Ausschnitt des Zustandsschaubildes Eisen-Kohlenstoff

dichteren kubisch flächenzentrierten Packung umordnen, bevor überhaupt 911 °C erreicht sind. So wird die α-γ-Umwandlung bei Anwesenheit von gelösten Kohlenstoffatomen schon bei niedrigeren Temperaturen als 911 °C begonnen. Das kommt durch Kurve 3 in Bild 9b zum Ausdruck.

Auch im γ-Eisen erzeugen die eingelagerten Kohlenstoffatome inneren Druck im Gitter, so daß die kubisch flächenzentrierte Ordnung weniger Neigung verspürt, sich aufzulockern und in das nicht so dicht gepackte kubisch raumzentrierte Gitter überzugehen. Die γ-α-Umwandlung wird mit steigendem Kohlenstoffgehalt von 911 °C zu tieferen Temperaturen verschoben (Kurve 4). Die gegenüber den Zwischengitterplätzen zu großen Kohlenstoffatome halten das Gitter auch unter 911 °C noch in die dichtest gepackte Lage gepreßt. Die Wirkung ist aber bei weitem nicht so groß wie in umgekehrter Richtung bei der α-γ-Umwandlung, weil die gleiche Anzahl von Kohlenstoffatomen wegen des geringeren Platzes im α-Eisen einen viel größeren Druck erzeugt als im γ-Eisen. Kurve 4 fällt deshalb weniger steil ab als Kurve 3.

Zustandsschaubild Eisen-Kohlenstoff. Jetzt setzen wir Bild 9a und b zusammen zu Bild 9c. Die Kurven 1 und 3 schneiden sich bei 723 °C und 0.02% Kohlenstoff. Links von den beiden Kurven ist der Kohlenstoff im α-Eisen gelöst. Karbide oder γ-Eisen liegen bei den Temperaturen und kleinen Kohlenstoffgehalten nicht vor. In diesem Bereich ist allein Ferrit zu Hause, also nur eine Phase und um die anderen Begriffe aus Abschnitt 2.2.4 anzuwenden, da nur ein Ordnungszustand, also eine Phase beständig ist, spricht man von einem homogenen Zustandsfeld.

Anders sieht es rechts der Kurve 1 und 3 aus. Unter 723 °C gesellen sich zu dem Ferrit Karbide, weil der Kohlenstoff nicht ganz gelöst werden kann (heterogener Zustand), oberhalb 723 °C finden wir bis zur Kurve 4 Austenit neben Ferrit, weil der innere Druck durch die eingezwängten Kohlenstoffatome zur dichteren kubisch flächenzentrierten Packung drängt. Kurve 2 und 4 schneiden sich bei 723 °C und 0,8% Kohlenstoff. Zwischen ihnen erstreckt sich das homogene Zustandsfeld des Austenits.

Wir haben nun einen guten Überblick über den Ordnungszustand, in dem sich Kohlenstoffstähle mit Kohlenstoffgehalten bis zu 2% und Temperaturen bis ca. 1150 °C befinden. Aus einfachen Vorstellungen über den Atomaufbau und die unterschiedliche Größe der Atomkügelchen haben wir den für uns wichtigsten Ausschnitt aus dem Zustandsschaubild Eisen-Kohlenstoff, auch Eisen-Kohlenstoff-Diagramm genannt, abgeleitet.

Was kann man nun mit diesem Schaubild anfangen? Bezeichnen wir zur besseren Verständigung die einzelnen Punkte mit Buchstaben. Betrachten wir, was in einem schweren Schmiedestück aus Stahl mit 0,8% Kohlenstoff während langsamer Abkühlung von Schmiedetemperatur 1100 °C vor sich geht. Bei 1100 °C sind die 0,8% Kohlenstoff nach Bild 9c vollständig im Austenit gelöst. Daran ändert sich bei Abkühlung zunächst nichts. Erst wenn der Punkt S erreicht wird, kann der Austenit sich nicht mehr halten und wandelt um. Da der Ferrit 0,8% Kohlenstoff bei weitem nicht lösen kann, muß sich Karbid ausscheiden, so wie es in das Zustandsfeld unterhalb der Linie PSK eingeschrieben ist.

Die Umwandlung der Austenitkörner beginnt im allgemeinen an den Korngrenzen, weil sich in dieser fehlerhaften Übergangszone am leichtesten ein Keim bildet. Schulter an Schulter wachsen von dort aus Ferritplatten und Karbidplatten in das Austenitkorn hinein. Der überschüssige Kohlenstoff wandert nach rechts und links durch Diffusion in die Karbidlamellen (Bild II, Anhang). Durch diese plattenförmige Umwandlung hat er nur kurze Wege zurückzulegen. Ein solches Stahlgefüge nimmt im polierten und geätzten Zustand einen perlmuttartigen Schimmer an und wird deshalb Perlit genannt. Es handelt sich dabei um ein heterogenes Gefüge aus Ferrit und Karbid.

Wird das Teil nach dem Schmieden erneut erwärmt, so beginnen die dünnen Karbidlamellen allmählich zu kleinen Kügelchen zusammenzulaufen. Man sagt, die Karbide formen sich ein. Sie tun das um so deutlicher, je näher die Temperatur an 723 °C herankommt (Bild IV, Anhang). Bei 723 °C erfolgt die α-γ-Umwandlung und das eingeformte Karbid wird im Austenit gelöst. Während eines erneuten Abkühlens bildet sich aus dem homogenen Austenit wieder ein heterogenes Gefüge aus Ferrit und Karbid in streifiger Form.

Enthält unser Schmiedestück nur 0,4% Kohlenstoff, so wird beim langsamen Abkühlen von Schmiedetemperatur mit Erreichen der Linie GS in Bild 9c bei 780 °C die Bildung von Ferritkörnern aus dem Austenit beginnen. Da der neugebildete Ferrit kaum Kohlenstoff aufnimmt, wird der noch vorhandene Austenit immer kohlenstoffreicher, bis er bei 723 °C gerade 0,8% Kohlenstoff gelöst hat und zu Perlit umwandelt. Weil die Perlitkörner 0,8%, die Ferritkörner aber praktisch keinen Kohlenstoff enthalten, wird das Gefüge je zur Hälfte aus Ferrit- und Perlitkörnern bestehen, da ja der Gesamtkohlenstoffgehalt des

Schmiedestückes 0,4% betrug (Bild I, Anhang). Wäre er z. B. 0,6%, so würde drei viertel der Körner perlitisch sein und bei 0,2% Gesamtkohlenstoffgehalt nur ein viertel. In diesen Fällen findet die Austenit-Ferrit-Umwandlung in einem Temperaturbereich zwischen den Linien *GS* und *PS* und nicht wie in dem Stahl mit 0,8% Kohlenstoff bei einem Temperaturpunkt, nämlich 723 °C statt. Das gilt auch für die umgekehrte Umwandlung bei erneuter Erwärmung. Zuerst wandeln die Perlitkörner bei 723 °C in Austenit um und dann wird bis zur Erreichung der Linie *GS* nach und nach Ferrit zu Austenit umgebildet.

Betrachten wir nun als Beispiel noch ein Schmiedestück mit 1,2% Kohlenstoffgehalt, der oberhalb des Perlitpunktes *S* liegt. Die Austenit-Ferrit-Umwandlung beginnt hier mit Erreichen der Linie *SE* bei ungefähr 870 °C durch Ausscheiden von Karbiden vorzugsweise auf den Austenitkorngrenzen. Diese Ausscheidung nimmt bis 723 °C soweit zu, daß der verbleibende Austenit nur noch 0,8% Kohlenstoff enthält und zu Perlit umwandeln kann. Nach vollständiger Abkühlung liegt ein Gefüge aus Perlitkörnern vor, die mit einem Korngrenzenkarbidnetz umgeben sind (Bild III, Anhang).

Aus den Beispielen wird deutlich, wie man mit Hilfe des Zustandsschaubildes Eisen-Kohlenstoff herausfinden kann, in welchem Zustand sich ein Stahl mit bekanntem Kohlenstoffgehalt bei einer bestimmten Temperatur befindet und wann man welche Gefügeänderung bei Erwärmung oder Abkühlung zu erwarten hat. Je nach Kohlenstoffgehalt unterscheiden wir bei Raumtemperatur untereutektoide (unterperlitische) Stähle mit Ferrit-Perlit-Gefüge, eutektoide (perlitische) Stähle mit 0,8% Kohlenstoff und übereutektoide (überperlitische) Stähle mit einem Gefüge aus Perlit und Korngrenzenkarbid. Diese Unterscheidung bringt aber nur die voneinander abweichende Karbidverteilung zum Ausdruck. Im Grunde bestehen alle diese Gefüge nur aus Ferrit und Karbid, wie es das Zustandsschaubild in Bild 9c verlangt, wobei das Karbid eben auf den Korngrenzen sitzen kann oder in den Karbidlamellen des Perlits. Deutlich wird dieser einheitliche Zustand, wenn man durch eine Glühung die Karbide einformt. Im Idealfall liegt dann kugeliges Karbid eingebettet in Ferrit vor und der Stahl mit dem höheren Kohlenstoffgehalt unterscheidet sich nur durch eine größere Anzahl von Karbidkügelchen (Bild IV, Anhang).

Als wichtig haben sich bei unserer bisherigen Betrachtung die obere und untere Temperatur für die Ferrit-Austenit-Umwandlung herausgestellt. Sie erhielten deshalb besondere Kurzbezeichnungen. Die untere Umwandlungstemperatur entlang der Linie *PSK* bei 723 °C wird

3.1. Einfluß des Kohlenstoffs

als A_1 und die obere entlang der Linie GS als A_3 Temperatur bezeichnet. Oberhalb A_3 ist kein Ferrit und unterhalb A_1 kein Austenit vorhanden. Bei Kohlenstoffgehalten über 0,8% fallen A_3 und A_1 zusammen. Da die Umwandlungstemperaturen sich um einige Grade unterscheiden können, je nachdem, ob sie beim Erwärmen oder Abkühlen gemessen wurden, versieht man die bei der Erwärmung gemessene Umwandlungstemperatur mit dem Index c (chauffage, bedeutet im Französischen Erwärmung), die bei der Abkühlung ermittelten mit einem r (refroidissement = Abkühlung), also z. B. Ac_3 oder Ar_3. Es gibt noch weitere mit A bezeichnete Umwandlungstemperaturen. Wir wollen sie der Vollständigkeit halber zusammenstellen. Die Erläuterungen gelten für eine Abkühlung. Bei Erwärmung laufen die Umwandlungen umgekehrt ab:

A_4 δ/γ-Umwandlung bei 1392 °C

A_3 γ/α-Umwandlung bei 911 °C und Beginn der Austenit-Ferrit-Umwandlung entlang GOS

A_2 Umwandlung von unmagnetischem zu magnetischem α-Eisen bzw. Ferrit entlang MO bei 769 °C; (unmagnetisches α-Eisen zwischen A_2 und A_3 wurde früher als β-Eisen bezeichnet) (Bild 10)

A_1 Perlitbildung bei 723 °C entlang PSK

A_0 magnetische Umwandlung des Eisenkarbides Fe_3C bei 210 °C.

Bei genauer Betrachtung muß noch beachtet werden, daß nach beendeter Austenit-Ferrit-Umwandlung ab Ar_1 das Lösungsvermögen des Ferrits von 0,02% Kohlenstoff bei weiterer Abkühlung auf nahezu null abnimmt, sich also noch ein wenig Karbid ausscheidet. Ebenso wird sich bei Erwärmung bis zur Ferrit-Austenit-Umwandlung neben der Einformung noch eine geringfügige Karbidauflösung einstellen.

Alle bisherigen Erläuterungen zum Zustandsschaubild Eisen-Kohlenstoff bezogen sich auf den Fall, daß der Kohlenstoff sich bei der Ausscheidung immer mit Eisen zu Karbid verbindet. Nun kann unter bestimmten Bedingungen insbesondere bei höheren Kohlenstoff- und Siliziumgehalten diese Verbindungsbildung zwischen Eisen und Kohlenstoff unterbleiben und der Kohlenstoff sich zum Teil als Graphit ausscheiden. Dadurch werden einige Umwandlungslinien im Zustandsschaubild etwas verschoben. Im Gegensatz zum metastabilen Zustandsschaubild Eisen-Eisenkarbid spricht man vom stabilen Zustandsschaubild Eisen-Graphit.

Letzteres findet im Bereich der graphitischen Gußeisen oberhalb 2% Kohlenstoff breite Anwendung. Bei Stählen ist Graphit nur in einigen graphitisierbaren Werkzeugstählen wegen der Selbstschmierwirkung erwünscht, wird aber im übrigen wegen seines versprödenden Einflusses (Schwarzbruch) vermieden.

Beide Zustandsschaubilder sind in Bild 10 wiedergegeben. Für die Stahlverarbeitung ist nur der Ausschnitt in Bild 9c von Interesse, da Kohlenstoffstähle mit mehr als 1,5% Kohlenstoff keine technische Be-

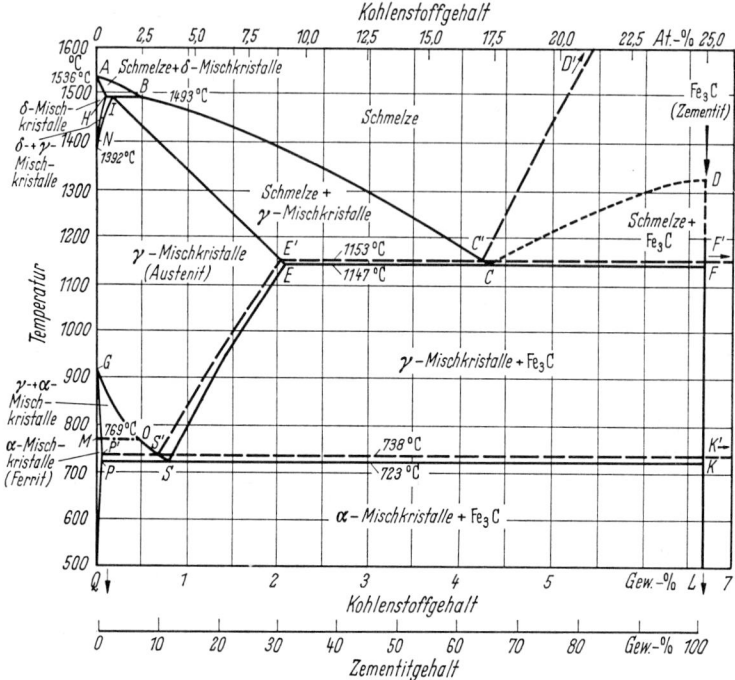

Bild 10. Das Zustandsschaubild (Doppelschaubild) Eisen-Kohlenstoff. (Nach Bericht 180 des Werkstoffausschusses des VDEh, 4. Auflage, 1961). Die gestrichelten Linien beziehen sich auf das stabile System Eisen-Graphit, die ausgezogenen Linien und die Bezeichnung der Zustandsfelder auf das metastabile System Eisen-Zementit

deutung haben und für legierte Stähle mit hohen Kohlenstoffgehalten andere Zustandsschaubilder benutzt werden müssen. So ist z. B. auf einen Werkzeugstahl mit 2,1% Kohlenstoff und 12% Chrom das Zustandsschaubild Eisen-Chrom-Kohlenstoff anzuwenden. Enthalten Stähle mehr Kohlenstoff als vom Austenit gelöst werden kann (rechts von Punkt E in Bild 10), so scheidet sich schon bei der Erstarrung unmittelbar aus der Schmelze Karbid aus. Es ist gröber ausgebildet, besitzt ein charakteristisches Aussehen und den Namen Ledeburitkarbid (vergl. Bild XV, Anhang).

3.1.2. Rasche Temperaturänderungen

Bei vielen Wärmebehandlungsprozessen hat der Kohlenstoff nicht genügend Zeit zur Diffusion. So kann z. B. die Erwärmung so rasch erfolgen, daß die Karbide nicht restlos bei Ac_1-Temperatur 723 °C gelöst werden, sondern die letzten erst z. B. bei 850 °C. Entsprechend kann bei schneller Abkühlung die Karbidausscheidung nicht nachkommen und die Umwandlungstemperaturen werden nach unten verschoben. Es muß deshalb bei allen Vorgängen, bei denen eine Diffusion im Spiel ist, die Zeit berücksichtigt werden, denn Diffusion bedeutet ja hier ein Wandern von Eisen- und Kohlenstoffatomen im Gitter. Das damit verbundene Springen der Atome von Leerstelle zu Leerstelle bzw. Zwischengitterplatz zu Zwischengitterplatz (siehe Bild 8) braucht Zeit.

Wollen wir z. B. in unserem Ausschnitt des Zustandsschaubildes Eisen-Kohlenstoff nach Bild 9c die Erwärmung und Abkühlung eines Stahles mit 0,7% Kohlenstoff betrachten, so brauchen wir dazu noch eine Zeitachse. In Bild 11 ist schematisch dargestellt, wie nach einer Erwärmungs- und Halteperiode der Gleichgewichtszustand des Eisen-Kohlenstoffschaubildes erreicht und danach die Abkühlung vorgenommen wird. Bei den jetzt zu besprechenden raschen Temperaturänderungen können wir im Grunde das Zustandsschaubild wieder vergessen

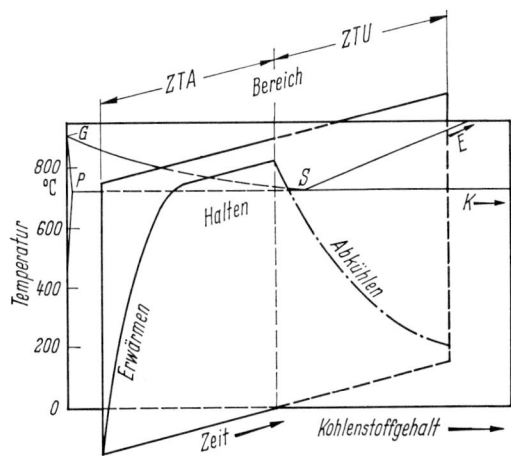

Bild 11. Schematische Darstellung des zeitlichen Ablaufs einer Erwärmung bis über Ac_3 mit anschließendem Halten und Abkühlen für einen Stahl mit 0,7% Kohlenstoff

und uns auf das Erwärmungs- und Abkühlungsschaubild konzentrieren. Um die Zeitachse ein wenig zu raffen, erfolgt die Auftragung der Zeit logarithmisch.

Rasche Erwärmung. Wird der als Beispiel gewählte Stahl mit 0,7% Kohlenstoff ganz langsam erwärmt z. B. mit 2,5 °C/min im Bereich von 680—880 °C, so erfolgt die Umwandlung des Perlits zu Austenit bei ~723 °C und die Umwandlung des Ferrits ist bei etwa 745 °C beendet, wie aus Bild 9c zu entnehmen ist. Heizt man etwas schneller, also z. B. mit 35 °C/min auf, so beginnt die Umwandlung erst bei 730 °C und ist auch erst bei 750 °C abgeschlossen. Noch raschere Erwärmung z. B. mit 900 °C/min läßt die Umwandlung erst bei 760 °C anfangen und bei 795 °C aufhören. Bei allen drei Aufheizgeschwindigkeiten bleiben noch einzelne Restkarbide zurück, nachdem die Ferrit-Austenit-Umwandlung längst beendet ist. Sie lösen sich erst bei Temperaturen über 840 °C vollständig im Austenit auf, ein Vorgang, der eigentlich schon bei 723 °C ablaufen sollte. Wir sehen daran, daß die

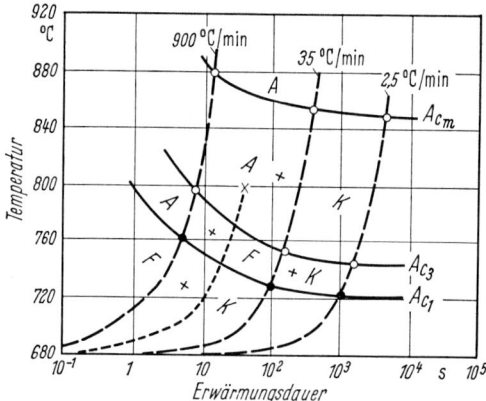

Bild 12. Kontinuierliches Zeit-Temperatur-Auflösungsschaubild (ZTA) für einen Stahl mit 0,7% Kohlenstoff (nach A. Rose). F = Ferrit, A = Austenit, K = Karbid

Karbidauflösung träge vonstatten geht und sich das Gleichgewicht nach dem Zustandsschaubild nicht ganz einstellen kann. Erschwert wird die Karbidauflösung durch kleine Verunreinigungen z. B. mit Chrom, wie sie in Kohlenstoffstählen häufig vorkommen. Zeichnet man die Aufheizkurven mit den jeweiligen Umwandlungspunkten in ein Diagramm und verbindet die zusammengehörenden Punkte, so erhält man ein Zeit-Temperatur-Auflösungsschaubild (ZTA). Es gibt uns den Zustand, d. h. die vorhandenen Phasen in Abhängigkeit von der Erwärmungsgeschwindigkeit an: unter Ac_1 Ferrit und Perlit, zwischen Ac_1 und Ac_3 Ferrit, Austenit und Restkarbid, oberhalb Ac_3 Austenit mit Restkarbid und erst über Ac_m reiner Austenit. Erwärmt man z. B. eine Messerklinge mit 0,7% Kohlenstoff von einer Vorwärmtemperatur 600 °C in 1 min im Salzbad auf 800 °C Härtetemperatur (strichpunktierte Aufheizkurve), so kann man aus Bild 12 entnehmen, daß Ac_3 überschritten ist. Um einen Teil des Restkarbids aufzulösen, wird dann noch eine gewisse Haltedauer angeschlossen, bevor die Abschreckung erfolgt. Eine vollständige Karbidauflösung ist meist gar nicht erwünscht, da die kleinen Restkarbidchen die Korngrenzen festhalten und Grobkorn vermeiden.

Rasche Abkühlung. Das ZTA-Schaubild für einen Stahl mit 0,7% Kohlenstoff sagt uns, daß wir bei nicht allzu schneller Erwärmung auf 860 °C alle Karbide aufgelöst, d. h. den Stahl vollständig austenitisiert haben. Nun wollen wir dieses Austenitgefüge unterschiedlich rasch abkühlen und dabei jedesmal beobachten, wann und wie die Umwandlung erfolgt (gestrichelte Abkühlkurven in Bild 13).

Bei sehr langsamer Abkühlung, so entnehmen wir aus dem Zustandsschaubild, wird die Umwandlung bei $Ar_3 \cong 745$ °C beginnen und bei $Ar_1 = 723$ °C beendet sein. Da bei 0,8% Kohlenstoff alle Körner zu Perlit umwandeln würden, sollten im vorliegenden Fall bei 0,7% Kohlenstoff etwa 87% Körner perlitisch werden. Betrachten wir nun raschere Abkühlungen ausgedrückt in Temperaturabnahme pro Sekunde (°C/s, vgl. Bild 13).

0,04 °C/s: Kühlt man bis 500 °C so langsam ab, so fängt die Ferritbildung bei ca. 710 °C an. Es werden nur 10% Ferrit gebildet und anschließend zwischen etwa 700 und 685 °C 90% Perlit. Die Härte dieses Gefüges beträgt nach vollständiger Abkühlung 230 HV.

5 °C/s: Mit dieser Abkühlgeschwindigkeit drücken wir den Beginn der Ferritbildung auf 690 °C und die Perlitbildung erfolgt ungefähr zwischen 685 und 670 °C. Der Ferritanteil schrumpft auf 3% und das restliche Perlitgefüge ist feinstreifiger, weil der Kohlenstoff nicht mehr die Zeit hat, zu den weiter voneinander entfernten breiten Karbidlamellen zu diffundieren. Die Härte steigt auf 280 HV an.

40 °C/s: Die Ferritbildung wird vollkommen unterdrückt. Zwischen 640 und 590 °C entsteht ein äußerst feinstreifiger Perlit (früher auch Sorbit genannt), der abweichend vom Gleichgewicht nur 0,7% Kohlenstoff enthält und eine Härte von 370 HV erreicht.

60 °C/s: Beginn der Perlitbildung bei etwa 610 °C, Ende nach Bildung von 80% Perlit bei 500 °C. Es verbleiben noch 20% Austenit, der

24 3. Die Wirkung der Legierungselemente

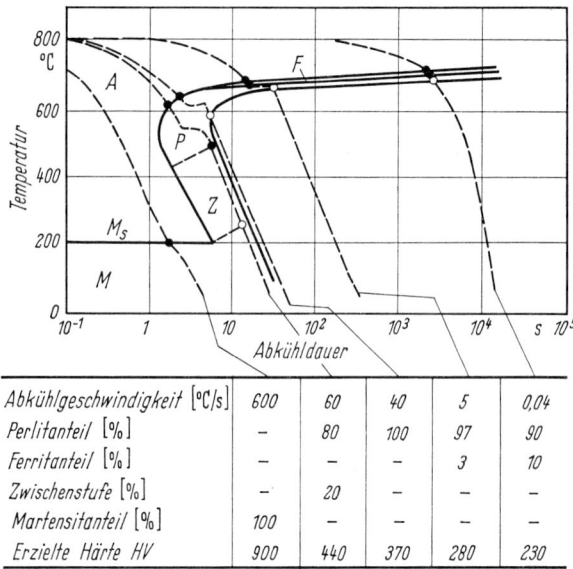

Abkühlgeschwindigkeit [°C/s]	600	60	40	5	0,04
Perlitanteil [%]	–	80	100	97	90
Ferritanteil [%]	–	–	–	3	10
Zwischenstufe [%]	–	20	–	–	–
Martensitanteil [%]	100	–	–	–	–
Erzielte Härte HV	900	440	370	280	230

Bild 13. Kontinuierliches Zeit-Temperatur-Umwandlungsschaubild (ZTU) für einen Stahl mit 0,7% Kohlenstoff, austenitisiert bei 860° C (nach Atlas der Wärmebehandlung). A = Austenit, F = Ferrit, P = Perlit, Z = Zwischenstufe, M = Martensit. Punkte = Umwandlungsbeginn, Kreise = Umwandlungsende

bei weiterer Abkühlung zu einer für uns neuen Gefügeform, dem Zwischenstufengefüge (auch Bainit genannt) umwandelt. Es besteht aus Ferrit mit feinverteilten Karbiden (Bild V, Anhang). Bei den hohen Abkühlgeschwindigkeiten ist für das Wachstum von Ferrit- und Karbidlamellen durch ein ganzes Korn keine Zeit. Die Perlitbildung friert unter 500 °C ein und aus dem verbleibenden Austenit scheiden sich in dichtem Abstand Karbidchen aus, so daß der aus der Lösung des Austenits ins Karbid wandernde Kohlenstoff nur ganz kurze Wege zurückzulegen hat. Die Härte dieses Perlit- und Zwischenstufengefüges beträgt 440 HV.

600 °C/s: Diese extrem rasche Abschreckung nimmt dem Kohlenstoff praktisch jede Gelegenheit zur Diffusion. Ehe die Kohlenstoffatome aus dem Austenitgitter in Karbide wandern können, ist die Temperatur schon soweit abgefallen und deshalb die Beweglichkeit der Kohlenstoffatome so gering geworden, daß die Kohlenstoffdiffusion einfriert. So kommt es, daß 500 °C unterhalb der gewohnten Ar_1

Temperatur immer noch Austenit vorliegt, weil die im Austenitgitter auf Zwischengitterplätzen eingelagerten 0,7% Kohlenstoff sich nicht in Form von Karbiden ausscheiden können und den Weg für die übliche Ferritbildung versperren. Schließlich wird bei weiterer Abkühlung der Drang des unterkühlten Austenits zur Umwandlung so groß, daß das Gitter ähnlich wie in Bild 3 bei 210 °C umzuklappen beginnt. Die vielen im kubisch flächenzentrierten Austenitgitter gelösten Kohlenstoffatome passen aber nicht in die kleineren Zwischengitterplätze des kubisch raumzentrierten Ferritgitters und drücken die Elementarzelle regelrecht auseinander, so daß sie tetragonal verzerrt bleibt. Durch die zwangsweise im kubisch raumzentrierten Gitter gelösten Kohlenstoffatome entstehen große innere Spannungen, die sich nach außen in hoher Härte des Stahles bemerkbar machen. Der Stahl ist „gehärtet". Das Gefüge, eine Zwangslösung des Kohlenstoffs im Ferrit, ist im Schliffbild nadelig ausgebildet und wird als Martensit bezeichnet (siehe Bild VI, Anhang). Die Temperatur des Beginns der Martensitumwandlung nennt man M_s-Temperatur (s = start). Bei weiterer Abkühlung klappt mehr und mehr unterkühlter Austenit zu Martensit um, bis diese Umwandlung bei der Temperatur M_f (f = finish) abgeschlossen ist. Liegt M_f unterhalb Raumtemperatur, so bleibt etwas Restaustenit zurück, der erst durch Tiefkühlung umklappen würde (Bild VII, Anhang).

Verbinden wir nun die zueinander gehörenden Umwandlungspunkte der verschiedenen Abkühlkurven, so erhalten wir ein Zeit-Temperatur-Umwandlungsschaubild (ZTU), das uns den Zustand des Stahles nach dem Austenitisieren in Abhängigkeit von der Abkühlgeschwindigkeit angibt (Bild 13). Wir können wie im ZTA-Schaubild die einzelnen Gefügebestandteile in die Felder eintragen. Das Perlitfeld hat die Form einer Nase, Perlitnase genannt. Bei legierten Stählen ist auch eine darunter liegende ausgeprägte Zwischenstufennase anzutreffen (vergl. Bild 23).

Ungleichgewicht. Was hat uns nun die Einführung der Zeitachse in Bild 11 gebracht?

Was die Erwärmung betrifft, so haben wir gesehen, daß viele technisch verwendete Aufheizgeschwindigkeiten entweder keine vollständige Umwandlung ergeben oder dem Karbid zu wenig Zeit zur Auflösung lassen. Will man an den Gleichgewichtszustand des Zustandsschaubildes herankommen, so muß man höher erwärmen als Ac_3 und noch eine gewisse Haltedauer vorgeben.

Was die Abkühlung betrifft, so wird die Umwandlung des Austenits mit steigender Abkühlgeschwindigkeit zu tieferen Temperaturen verschoben. Gleichzeitig bildet sich das Karbid immer feiner aus, weil die Diffusion keine langen Wege mehr gestattet: Zuerst dünnere Karbidlamellen (feinstreifiger Perlit), dann nur mehr punktförmige Karbide (Zwischenstufe) und schließlich bis auf Spuren überhaupt kein Karbid mehr, sondern eine Zwangslösung des Kohlenstoffs im Martensit. Mit den Gefügeformen feinstreifiger Perlit, Zwischenstufe, Martensit haben wir uns zunehmend vom Gleichgewicht des Zustandsschaubildes entfernt und dadurch beträchtliche Härtesteigerungen erzielt. Insbesondere die hohe Martensithärte ist von großer technischer Bedeutung bei vielen Werkzeugen und Bauteilen.

Während ZTA-Schaubilder in der Praxis wenig angewendet werden, liegen für die meisten Stähle ZTU-Schaubilder vor. Will man eine bestimmte Abkühlung nach dem Austenitisieren durchführen, so kann man den Abkühlungsverlauf in das ZTU-Schaubild des betreffenden Stahles einzeichnen und im voraus sagen, wie der Austenit umwandeln wird, welche Gefügebestandteile in welchen Mengen entstehen werden und welche Härte sich in etwa einstellen wird.

Kontinuierlich — Isotherm. Bei der Aufstellung des ZTA- und ZTU-Schaubildes für einen Stahl mit 0,7% Kohlenstoff wurden Stahlproben kontinuierlich mit einer bestimmten Geschwindigkeit erwärmt bzw. abgekühlt und jewels die Umwandlungspunkte ermittelt. Man bezeichnet diese Schaubilder deshalb als kontinuierliche Umwandlungsschaubilder.

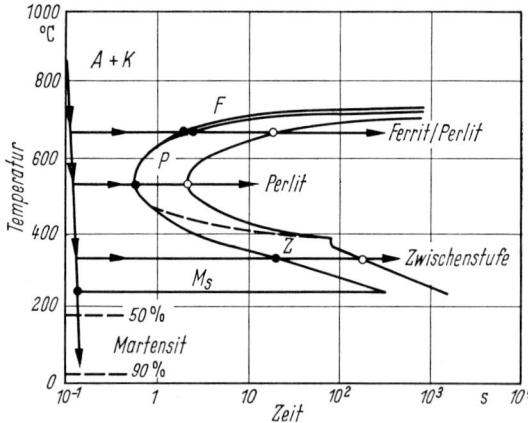

Bild 14. Isothermes ZTU-Schaubild für einen Stahl mit 0,7% Kohlenstoff, austenitisiert bei 810° C und extrem rasch abgeschreckt auf unterschiedliche Warmbadtemperaturen, bei denen dann Beginn und Ende der Umwandlung beobachtet wird (Ursprung und Bezeichnungen wie Bild 13)

Eine zweite Möglichkeit zur Erstellung derartiger Diagramme besteht darin, die Temperaturänderung extrem schnell vorzunehmen und dann bei gleichbleibender Temperatur (isotherm) die Umwandlung zu beobachten. So erhält man isotherme ZTA- und ZTU-Schaubilder. Sie müssen anders gelesen werden als kontinuierliche, wie in Bild 14 am isothermen ZTU-Schaubild für den Stahl mit 0,7% Kohlenstoff schematisch gezeigt wird. Für die Ölhärtung eines großen Schmiedestückes werden die Verhältnisse besser durch ein kontinuierliches ZTU-Schaubild wiedergegeben, dagegen für ein dünnes Messer mit Abschreckung im Warmbad besser durch ein isothermes.

3.1.3. Wärmebehandlung

Wie ein roter Faden zog sich durch die vorhergehenden Abschnitte, daß bei hohen Temperaturen dem Kohlenstoff im Austenit größere Zwischengitterplätze angeboten werden als bei tieferen Temperaturen im Ferrit. Ein wesentlicher Zweck der Wärmebehandlung ist das gezielte Auflösen, Zwangslösen, Ausscheiden und Einformen von Karbiden unter Ausnutzung der beiden Gitterformen des Eisens. Daneben gibt es noch eine ganze Reihe anderer Gründe, Wärmebehandlungen an Stählen durchzuführen, die aber zum Teil erst bei der Besprechung legierter Stähle klar werden.

Weichglühen. Bereits in Abschnitt 3.1.1 sahen wir, daß die Karbidlamellen des Perlits bei Erwärmung bis nahe Ac_1 zur Einformung neigen. Hält man z. B. untereutektoide Stähle mehrere Stunden auf Temperaturen von 700 bis 720 °C, so wird aus dem lamellaren ein kugeliger Zementit (Bild IV, Anhang). Nach Abkühlen auf RT ist dieses Gefüge weicher und läßt sich besser kaltumformen und zerspanen. Das letzte gilt allerdings für niedrige Kohlenstoffgehalte nicht mehr, da solche Stähle durch das Weichglühen zu weich werden und beim Drehen, Fräsen usw. schmieren. Häufig wird auch knapp oberhalb Ac_1 geglüht (Umwandlungsglühen) oder um A_1 gependelt (Pendelglühung), und zwar meist bei übereutektoiden Stählen. In DIN 17014 heißt es: „Glühen bei Temperaturen im Bereich um A_1 — gegebenenfalls mit Pendeln um A_1 — mit anschließendem langsamen Abkühlen zum Erzielen eines für den jeweiligen Verwendungszweck hinreichend weichen und möglichst spannungsarmen Zustandes (siehe Glühen auf kugelige Karbide)."

Spannungsarmglühen. Eine ähnliche Glühbehandlung ist das Spannungsarmglühen. Dabei wird meist nicht ganz so dicht bis an Ac_1 erwärmt und auch ein anderer Zweck verfolgt. Es sollen nämlich nicht

Karbide eingeformt sondern Eigenspannungen beseitigt werden. Im Abschnitt 2.1.2 hatten wir unter dem Stichwort „Versetzungen" die Kaltverfestigung kennengelernt, die durch eine Erwärmung wieder rückgängig gemacht werden kann. So wird z. B. ein Werkstück beim Zerspanen in der Oberfläche oder beim Kaltrichten nur an bestimmten Stellen etwas verformt und bleibt mit inneren Spannungen zurück, die später zu Verzug führen können. Sie werden durch ein Spannungsarmglühen beseitigt. Die DIN 17014 sagt dazu: „Glühen bei einer hinreichend hohen Temperatur (bei vergüteten Stählen jedoch unterhalb der Anlaßtemperatur) mit anschließendem langsamen Abkühlen, so daß innere Spannungen ohne wesentliche Änderung der anderen Eigenschaften weitgehend abgebaut werden."

Normalglühen. Nun kennt man aber auch ein Glühen oberhalb des oberen Umwandlungspunktes. Dabei findet zuerst eine Umkristallisation von Ferrit-Perlit-Gefüge zu Austenit statt. Da im Perlit der Ferrit und das Karbid in Lamellen dicht beisammen liegen, sind praktisch überall Keime für die Austenitbildung vorhanden, und es beginnt an mehreren Stellen eines groben Perlitkornes die Bildung von Austenitkörnern gleichzeitig, so daß aus einem Perlitkorn mehrere kleinere Austenitkörner entstehen. Bei der Abkühlung werden die kleinen Austenitkörner auch entsprechend kleinere Perlitkörner bilden, so daß die Behandlung eine Kornverfeinerung bewirken kann. Das ist wichtig bei stark überhitzten Stählen. Durch sehr hohe Temperaturen z. B. beim Schmieden werden die Körner nämlich zum Wachstum angeregt. Die größeren Körner saugen die kleineren auf. Durch die beschriebene Umkristallisation kann die Überhitzung oft wieder rückgängig gemacht und der Stahl auf seine normale Korngröße gebracht werden. Man spricht deshalb von Normalglühen. DIN 17014: „Erwärmen auf eine Temperatur wenig oberhalb Ac_3 (bei übereutektoidischen Stählen oberhalb Ac_1) mit anschließendem Abkühlen in ruhender Atmosphäre. Im allgemeinen soll mit dieser Wärmebehandlung ein gleichmäßiges und feinkörniges Gefüge mit Perlit erzielt werden. Führt eine solche Temperatur-Zeit-Folge zu Bainit oder Martensit, so ist der Ausdruck Lufthärten angebracht." Zu ergänzen ist, daß bei übereutektoiden Stählen manchmal auch über *SE* erwärmt wird, um Korngrenzenkarbid zu lösen, dessen Neubildung dann durch beschleunigte Abkühlung unterdrückt werden kann. Bei Stählen mit besserer Härtbarkeit (siehe Abschnitt 3.2.1) ist eine Härtesteigerung möglich, die eine Weiterverarbeitung erschwert und ein Anlassen (s. u.) erforderlich macht.

3.1. Einfluß des Kohlenstoffs

Grobkornglühen. Es verfolgt das Gegenteil des Normalglühens. DIN 17014: „Glühen bei einer Temperatur meist beträchtlich oberhalb Ac_3 mit zweckentsprechendem Abkühlen, um grobes Korn zu erzielen." Nach dem Zerspanen kann dann durch Normalglühen oder Härten, das ebenfalls zur Umkristallisation und Kornverfeinerung führt, wieder ein feineres Korn erzeugt werden.

Die Glühtemperaturen sind in Bild 15 schematisch in das Zustandsschaubild eingetragen.

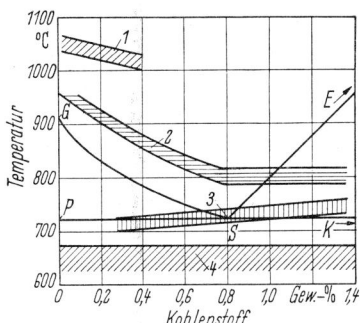 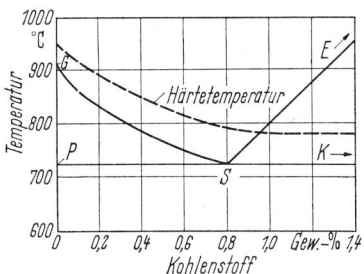

Bild 15. Glühtemperaturen unlegierter Stähle in Abhängigkeit vom Kohlenstoffgehalt. 1 Grobkornglühen, 2 Normalglühen, 3 Weichglühen, 4 Spannungsfreiglühen

Bild 16. Härtetemperaturen unlegierter Stähle in Abhängigkeit vom Kohlenstoffgehalt

Härten. „Austensieren und Abkühlen mit solcher Geschwindigkeit, daß in mehr oder weniger großen Bereichen des Querschnitts eines Werkstückes eine erhebliche Härtesteigerung durch Martensitbildung eintritt." Soweit DIN 17014. In Bild 16 sind die Härtetemperaturen von Kohlenstoffstählen dargestellt. Wie die Härtesteigerung zustande kommt, hatten wir in Abschnitt 3.1.2 unter dem Stichwort „Rasche Abkühlung" gesehen. Je schroffer abgekühlt wird, um so höher fallen der Martensitanteil und die Härte aus. Die Härte des Martensits selbst nimmt mit dem Kohlenstoffgehalt bis zu etwa 0,7% zu. Mehr Kohlenstoff kann im verspannten Gitter nicht untergebracht werden, so daß die Martensithärte über 0,7% Kohlenstoff praktisch nicht mehr ansteigt. Wasser ist ein sehr wirksames Abschreckmittel, besonders wenn noch Salz gelöst ist. Die Wasserabschreckung bewirkt aber eine erheblich schnellere Abkühlung der äußeren Schale eines Werkstückes gegenüber dem Kern. Aufgrund der Wärmekontraktion zieht sich die Außenhaut zusammen und gerät unter Zugspannungen. Auch wird die mit Volumenänderungen verbundene Umwandlung wegen der unterschiedlichen Temperaturen in Rand und Kern nicht gleichzeitig ablaufen, was ebenfalls zu Spannungen führt. Diese Wärmespannungen und Umwandlungsspannungen können Härtespannungsrisse hervorrufen bzw. ein unerwünschtes Verziehen. Es werden deshalb besonders bei legierten Stählen auch mildere Abschreckmittel wie Öl oder Druckluft angewendet bzw. Warmbäder (meist Salzschmelzen) benutzt. Die Abkühlung wird auf der Stufe der Warmbadtemperatur angehalten und man spricht von Warmbadhärten oder Stufenhärtung. Weiter kommt ein gebrochenes Härten in Frage, z. B. zuerst in Wasser, um vor der Perlitnase vorbeizukommen, und dann unter 500 °C in Öl, um die Spannungen zwischen Rand und Kern zu mildern. Will man nur einen Teil des Werkstückes hart haben und den Rest zäh, so kann man entweder das ganze Teil erwärmen und nur den zu härtenden Bereich abschrecken, oder es wird eben nur die Zone über Ac_3 gebracht, die gehärtet werden soll. Wir nennen das partielle Härtung.

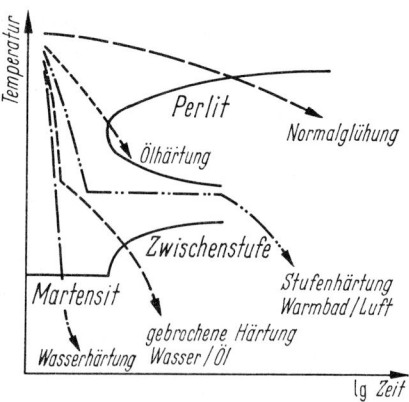

Bild 17. Vergleich unterschiedlicher Abkühlungen anhand eines ZTU-Schaubildes (schematisch)

In Bild 17 sind einige Abkühlarten schematisch in ein ZTU-Schaubild eingetragen. Diese Darstellung ist nur eine Annäherung, da isotherme und kontinuierliche Abkühlungen verquickt sind. Man erkennt aber, daß die Wasserabschreckung im vorliegenden Beispiel volle Mar-

3.1. Einfluß des Kohlenstoffs

tensithärte bringt, während die mildere Ölhärtung die Perlitnase streift, was mit einem Verlust an Härte verbunden ist. Die gebrochene Härtung verringert die Wärmespannungen gegenüber der Wasserhärtung und erzielt eine höhere Härte als die Ölhärtung, da sie die Perlitnase meidet und nur die Zwischenstufe berührt. Die Stufenhärtung schafft einen Temperaturausgleich über den Querschnitt, bevor die Umwandlung in der Zwischenstufe erfolgt.

Anlassen. Nach dem Härten steckt der Kohlenstoff in einer Zwangslösung, verspannt das Gitter und macht den Stahl hart. Wird dieses martensitische Gefüge erwärmt, so erhält der Kohlenstoff wieder eine gewisse Beweglichkeit, beginnt sich aus der Lösung auszuscheiden und Karbide zu bilden. Ab etwa 100 °C tritt zuerst ε-Karbid Fe_2C auf, das oberhalb von etwa 350 °C in Zementit Fe_3C übergeht. Ab 250 °C, bei langer Anlaßdauer auch schon darunter, zerfällt der Restaustenit. Diese Anlaßvorgänge bewirken einen Abbau der Gitterverspannung, verbunden mit einem Rückgang der Härte und einem Anstieg der Zähigkeit, sowie kleine Volumenänderungen. DIN 17014: „Erwärmen eines gehärteten Werkstückes auf eine Temperatur zwischen Raumtemperatur und Ac_1 und Halten dieser Temperatur mit nachfolgendem zwecksentsprechendem Abkühlen." Aus dem Anlaßschaubild für einen martensitisch gehärteten Stahl mit 0,6% Kohlenstoff können wir entnehmen, daß je nach Anlaßtemperatur eine breite Auswahl von Härte- und Zähigkeitskombinationen eingestellt werden kann (Bild 18). Will man ein hartes Werkzeug anlassen, so

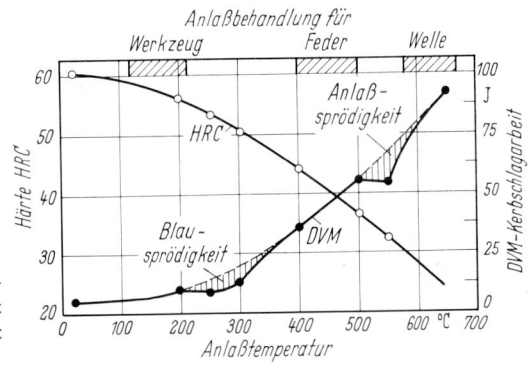

Bild 18. Anlaßschaubild eines unlegierten Stahles mit 0,6% Kohlenstoff, gehärtet von 830 °C in Öl

wird eine Temperatur zwischen 150 und 220 °C gewählt. Handelt es sich dagegen um ein Bauteil wie z. B. eine Feder oder eine Achse, so ist weniger Härte aber mehr Zähigkeit am Platze und die Anlaßtemperatur liegt zwischen 450 und 650 °C. Durch partielles Anlassen kann man die Bereiche „hart" und „zäh" noch miteinander kombinieren.

Beim Anlassen im unteren Temperaturbereich bilden sich dünne Oxydfilme, die zu einer Färbung der Oberfläche führen. Folgende Anlaßfarben sind bekannt:

blank	20 °C
blaßgelb	200 °C
strohgelb	220 °C
braun	240 °C
purpur	260 °C
violett	280 °C
dunkelblau	290 °C
kornblumenblau	300 °C
hellblau	320 °C
blaugrau	350 °C
grau	400 °C.

Diese Temperaturbereiche können sich mit der Anlaßdauer und der Legierung etwas verschieben.

Da für die Kohlenstoffdiffusion nicht nur die Höhe der Temperatur, sondern auch ihre Einwirkungsdauer wichtig ist, bezieht sich ein Anlaßschaubild meist auf eine bestimmte Anlaßdauer von z. B. 2 h. Manchmal findet man auch die Anlaßtemperatur T (K) und die Anlaßdauer t in einem Parameter zusammengefaßt, dem sogenannten Anlaßparameter P. Im Anlaßschaubild werden dann die mechanischen Eigenschaften nicht über T sondern z. B. über $P = T$ (const. $+ \lg t$) aufgetragen.

Das Anlassen steigert die Zähigkeit. Es sind aber zwei Versprödungsbereiche bekannt, in denen die Zähigkeit abfällt: die Blauversprödung im Bereich von 250—300 °C (nach der Anlaßfarbe benannt) und eine Anlaßversprödung von Chrom-, Nickel- oder Mangan-haltigen Stählen zwischen 500 und 600 °C (Bild 18). Durch niedrige Phosphorgehalte und Molybdänzugabe oder beschleunigtes Abkühlen durch diese Bereiche kann die Versprödung gemildert oder beseitigt werden.

Vergüten. „Härten und danach Anlassen im oberen möglichen Temperaturbereich zum Erzielen guter Zähigkeit bei gegebener Zugfestigkeit." Die Verbesserung der Zähigkeit kommt dadurch zustande, daß z. B. aus einem Ferrit-Perlitgefüge durch das Härten

3.1. Einfluß des Kohlenstoffs

und anschließende Ausscheiden feinverteilter kugeliger Karbide beim Anlassen eine größere Gleichmäßigkeit im Gefüge herrscht. Vergleichen wir die Eigenschaften eines geschmiedeten oder normal geglühten Stahles mit 0,6% Kohlenstoff mit dem auf gleiche Härte vergüteten Zustand, so macht sich das Vergüten der Proben durch eine Erhöhung der 0,2-Grenze, der Einschnürung und der Kerbschlagarbeit bemerkbar.

Werkstoffkennwerte [1]	normalgeglüht 850 °C/Luft	vergütet 850 °C/Öl + 650 °C 2 h
Zugfestigkeit R_m N/mm²	820	810
Dehngrenze $R_{p0,2}$ N/mm²	480	560
Verhältnis $R_{p0,2}/R_m$	0,59	0,69
Dehnung A %	19	19
Einschnürung Z %	51	63
Kerbschlagarbeit A_v (DVM) J	41	89
Härte HB	241	239

[1] Siehe Abschnitt 5.3.

Beim Vergüten kann das Härten auch unmittelbar aus der Warmformgebungshitze z. B. der Walzhitze stattfinden.

Aushärten. Außer dem Abschreckhärten kennt man noch das Kalthärten (Kaltverfestigen) und das Aushärten. Das Kalthärten entsteht durch Kaltverformung (siehe Abschnitt 2.1.2. „Versetzungen") und nicht durch eine Wärmebehandlung. Das Aushärten ist dagegen mit einer aus Lösungsglühen und Auslagern bestehenden Wärmebehandlung verbunden. Beim Lösungsglühen werden Ausscheidungen z. B. Karbide aufgelöst und die darin enthaltenen Legierungselemente in der Grundmasse gelöst. Dann wird durch beschleunigte Abkühlung eine erneute Ausscheidung zunächst unterdrückt. Sie findet erst nach längerer Auslagerungsdauer statt und kann durch erhöhte Temperaturen (Warmauslagern) beschleunigt werden. Sind diese Ausscheidungen im Gefüge feinverteilt, so behindern sie dessen Verformung, machen den Stahl also härter. Wir werden dieser Form des Härtens bei den legierten Stählen noch begegnen. DIN 17014: „Wärmebehandlung, bestehend aus Lösungsglühen und Abkühlen mit einer solchen Geschwindigkeit, daß der erreichte Lösungszustand weitestgehend aufrechterhalten bleibt, mit anschließendem Auslagern."

3.2. Einfluß der Legierungselemente

In Abschnitt 1. hatten wir Legieren als Zugabe von Legierungselementen zur Schmelze im Stahlwerk definiert. Das Legieren verfolgt den Zweck, dem Stahl besondere Eigenschaften zu geben. Kohlenstoff ist in diesem Sinn für die überwiegende Menge der erzeugten Stähle das wichtigste Legierungselement, gehört sozusagen zum Stahl und zählt deshalb im Sprachgebrauch nicht zur Legierung. Unlegierte Stähle enthalten nur Kohlenstoff und Eisenbegleiter. Legierte Stähle wiederum müssen nicht unbedingt Kohlenstoff enthalten, aber andere Elemente oberhalb der Grenze unbeabsichtigter Verunreinigungen. Die unbeabsichtigt auftretenden Elemente, d. h. die Eisenbegleiter haben z. B. folgende Herkunft:

Kohlenstoff Schwefel	Brennstoff
Silizium Mangan Phosphor	Erz
Stickstoff Sauerstoff	Luft
Wasserstoff	Feuchtigkeit
Kupfer Zinn	Schrott

Sie werden zum Teil auch als Legierungselemente verwendet.

3.2.1. Einfluß auf das Umwandlungsverhalten

In Tafel 1 sind die am häufigsten im Stahl vorkommenden Elemente aufgeführt, und zwar geordnet nach ihrem Atomdurchmesser (Spalte 3). Bei der Lösung im Eisengitter kann sich die Größe der Atomkügelchen etwas verschieben. Das Eisenatom selbst ist z. B. im kubisch flächenzentrierter Gitter etwas größer (0,252 nm). Wir wollen aus den Zahlen der übrigen Spalten einige einfache Schlüsse ziehen.

Die meisten Elemente ersetzen Eisenatome im Gitter (Spalte 8), nur relativ kleine Atome werden auf Zwischengitterplätzen gelöst. Den Atomaufbau eines rostfreien Chrom-Nickel-Stahles haben wir schon in Bild 6 kennengelernt. Die Löslichkeit eines Elementes im Eisen ist um so besser, je näher sein Atomdurchmesser an dem des Eisens liegt (Spalte 6 und 7). Es bestätigt sich die im Abschnitt 2.2.2 erwähnte

3.2. Einfluß der Legierungselemente

Tafel 1. Die wichtigsten Eisenbegleiter und Legierungselemente (nach H. J. Eckstein)

1 Element	2 Kurzbez.	3 Atomdurchmesser nm	4 Gitteraufbau	5 Atomgewicht	6 maximale Löslichkeit in α-Eisen Gew.-%	7 γ-Eisen Gew.-%	8 wo gelöst
Blei	Pb	0,350	kfz	207,2	0	0	—
Titan	Ti	0,290	hd	47,9	6,3	0,75	S
Niob	Nb	0,289	krz	92,9	1,8	1,4	S
Aluminium	Al	0,287	kfz	27,0	37,0	1,0	S
Wolfram	W	0,275	krz	183,9	33,0	3,2	S
Mangan	Mn	0,274	kfz	54,9	3,5	100	S
Molybdän	Mo	0,273	krz	95,9	37,5	1,6	S
Vanadin	V	0,263	krz	50,9	100	1,5	S
Kupfer	Cu	0,256	kfz	63,5	3,5	8,5	S
Kobalt	Co	0,250	kfz	58,9	76,0	100	S
Nickel	Ni	0,249	kfz	58,7	8,0	100	S
Chrom	Cr	0,249	krz	52,0	100	12,5	S
Eisen	**Fe**	**0,248**	**krz**	**55,8**			
Silizium	Si	0,235	D	28,1	14,4	2,2	S
Phosphor	P	0,218	rh	31,0	2,8	0,25	S
Schwefel	S	0,203	K	32,0	0,02	0,05	S
Bor	B	0,177	K	10,8	0,15	0,15	E/S
Kohlenstoff	C	0,154	D	12,0	0,02	2,06	E
Stickstoff	N			14,0	0,115	2,6	E
Wasserstoff	H			1,0	0,0005	0,001	E

Zu Spalte 4: kfz kubisch flächenzentriert   hd hexagonal dichtest   D Diamantgitter
krz kubisch raumzentriert   rh rhombisch   K komplexer Gitteraufbau
Zu Spalte 5: Es handelt sich um das relative Atomgewicht. Geteilt durch die Loschmidtsche Zahl $6,02 \cdot 10^{23}$ ergibt sich das Gewicht eines einzelnen Atoms in Gramm.
Zu Spalte 6 und 7: Gemeint ist die max. Löslichkeit bei erhöhter Temperatur.
Zu Spalte 8: S anstelle von Eisenatomen im Gitter eingebaut, substituiert; E auf Zwischengitterplätzen eingelagert.

Regel, daß die Löslichkeit selbst bei hohen Temperaturen sehr klein wird, wenn der Atomdurchmesser des gelösten Elementes um ca. 15% von dem des Eisens abweicht, also über 0,285 bzw. unter 0,210 nm liegt. Die Atomgröße ist aber offenbar nicht der einzige Maßstab für die Löslichkeit. Vergleicht man nämlich Spalte 4 mit Spalte 6 und 7 so wird klar, daß sich die Elemente, die selbst ein krz-Gitter bilden, besser im krz-Eisen lösen und die mit eigenem kfz-Gitter meist besser im kfz-Eisen. Das hängt mit den wirksamen Elektronen der unvollständig besetzten äußeren Schalen der Atome zusammen, die ins Gitter abgegeben werden und dort eine Art Wolke bilden. Ist sie dicht, wird Austenit stabilisiert, ist sie dagegen verdünnt, beobachtet man eine Tendenz zum Ferrit.

Aufweitung und Einschnürung des Austenitbereiches. Unsere im Abschnitt 3.1.1 bei der Aufstellung des Zustandsschaubildes Eisen-Kohlenstoff benutzte Theorie, daß durch den inneren Druck der für die Zwischengitterplätze zu großen Kohlenstoffatome die dichtere kfz-Packung stabilisiert wird, müssen wir noch etwas ergänzen. Bei Atomen, die größer sind als die des Eisens, entsteht nur dann ein ausreichend großer „Druck" zum dichtest gepackten Austenitgitter, wenn auch die Elektronenwolke eine bestimmte Dichte hat und „mitdrückt".

Ein Element, das den Austenit stabilisiert, ist Kohlenstoff. Die Stabilisierung drückt sich in einer Erweiterung des Austenitbereiches aus. Bei reinem Eisen liegt der γ-Bereich zwischen $A_3 = 911\,°C$ und $A_4 = 1392\,°C$. Mit zunehmendem Kohlenstoffgehalt fällt A_3 bis $723\,°C$

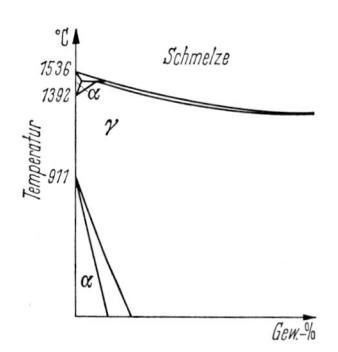

Bild 19. Schema eines Zustandsschaubildes mit Erweiterung des Austenitgebietes bis auf Raumtemperatur

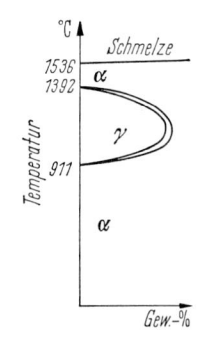

Bild 20. Schema eines Zustandsschaubildes mit Abschnürung des Austenitgebietes

ab und A_4 steigt auf 1493 °C an (siehe Bild 10). Ähnlich wirken Stickstoff und Kupfer. Durch Nickel, Mangan und Kobalt kann das Austenitgebiet bis auf Raumtemperatur erweitert werden, so daß überhaupt keine Umwandlung erfolgt. Man spricht von austenitischen Stählen. Bild 19 zeigt schematisch ein solches Zustandsdiagramm.

Entgegengesetzt wirken z. B. Bor und Schwefel, die das Austenitgebiet verengen, so daß A_4 fällt und A_3 ansteigt. Bis zu völliger Abschnürung des Austenitgebietes führen die Elemente Chrom, Molybdän, Wolfram, Vanadin, Titan, Silizium, Aluminium, Phosphor (Bild 20). Bei entsprechend hohen Zusätzen dieser Elemente gehen α- und δ-Ferrit ineinander über, so daß auch hier keine Umwandlung erfolgt und diese Stähle bei allen Temperaturen ferritisch sind, weshalb sie als ferritische Stähle bezeichnet werden.

Austenitische und ferritische Stähle kann man nicht umkristallisieren (normalglühen) und auch nicht durch Abschrecken härten. Das Zustandsschaubild Eisen-Kohlenstoff gilt hier nicht, sondern andere wie z. B. das für Eisen-Nickel oder Eisen-Chrom oder ein Mehrstoffschaubild wie Eisen-Chrom-Kohlenstoff. Im Gegensatz zu ferritischen und austenitischen Stählen spricht man bei Stählen mit Umwandlung von härtbaren, perlitischen oder martensitischen Stählen.

Härtbarkeit. Aus dem ZTU-Schaubild (Bild 13) entnehmen wir, daß zur Martensitbildung bei einem unlegierten Stahl mit 0,7% Kohlenstoff eine Abkühlungsgeschwindigkeit von 300 °C/s erforderlich ist. Sie wird in einem Stab von 30 mm Durchmesser bei Wasserabschreckung nur an der Oberfläche erreicht. Der Kern kühlt langsamer ab, weil die Ableitung der Wärme zur Oberfläche nicht mitkommt. Der Kern wird deshalb auch nicht hart, sondern nur die äußere Schale (Schalenhärter).

Eine wesentliche Aufgabe von Legierungselementen besteht nun darin, die Ausscheidung des Kohlenstoffs aus dem Austenitgitter zu verzögern, so daß auch im Kern dickerer Querschnitte noch ganz oder teilweise Martensit gebildet und das Werkstück durch und durch hart wird (Durchhärter). Die Rollen sind dabei ungefähr so verteilt: Der Kohlenstoff sorgt für die Härte (Aufhärtung) und die Legierungselemente für die Einhärtung. Beides zusammen macht die Härtbarkeit aus.

Die Wirksamkeit der einzelnen Legierungselemente geht aus Bild 21 hervor. Setzt man sie in Relation zum Legierungspreis, so wird deutlich, warum Chrom, Mangan und Silizium so häufig als Legierungsmittel verwendet werden. Auf Nickel und Molybdän kann bei

38 3. Die Wirkung der Legierungselemente

erhöhten Anforderungen an die Zähigkeit nicht verzichtet werden. Den Legierungsgehalt kann man so einstellen, daß ein Stahl auch bei Ölabschreckung härtet (Ölhärter) oder sogar an Luft (Lufthärter). Gegenüber Wasserhärtern ist hier die Gefahr von Härtespannungsrissen und Verzug geringer. Umgekehrt würden sich Luft- oder Ölhärter bei Wasserabschreckung härterißempfindlich verhalten.

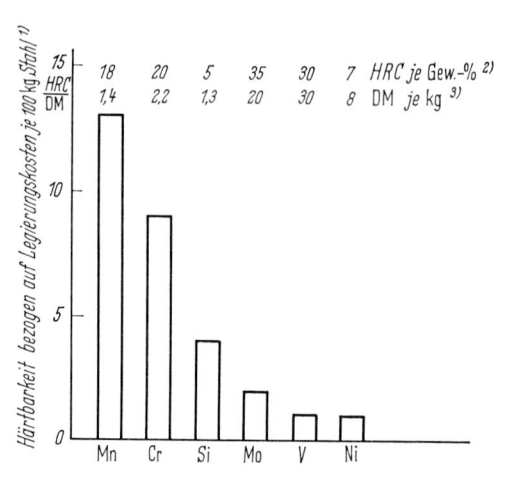

Bild 21. Kosten der Legierungselemente und ihre Wirkung auf die Härtbarkeit von Baustählen (nach E. Just); 1. Kostenbezogener Härtbarkeitsfaktor; 2. Härtbarkeitsfaktor je Gew.% Legierungselement im Stahl gemessen als Härtezuwachs an der Stirnabschreckkurve; 3. Kosten für 1 kg Legierungselement (Tagespreis 1967)

Einige Legierungselemente wandern bevorzugt ins Karbid, so daß sie der Stahlgrundmasse (Matrix) und damit für die Härtbarkeit fehlen. Im ZTA-Schaubild hatten wir gesehen, daß die Auflösung von Restkarbid beim Austenitisieren sehr träge vor sich geht, was durch karbidbildende Legierungselemente wie Chrom, Molybdän, Wolfram, Vanadin noch verstärkt wird. Mit steigenden Härtetemperaturen werden mehr Karbide gelöst, damit Legierungselemente freigesetzt und die Härtbarkeit verbessert. Das kann aber nur begrenzt ausgenutzt werden, weil nach weitgehender Auflösung der Karbide ein verstärktes Kornwachstum einsetzt. Häufig gibt man z. B. 0,1% Vanadin zu, um die Karbidauflösung zu erschweren und den Stahl überhitzungsunempfindlich zu machen.

3.2. Einfluß der Legierungselemente

Zur Prüfung der Härtbarkeit dient der Stirnabschreckversuch nach Jominy (Bild 22). Dabei wird eine zylindrische Probe auf Härtetemperatur erwärmt, an einer Stirnfläche mit einem definierten Wasserstrahl abgeschreckt und anschließend der Härteverlauf vom abgekühlten Ende zum anderen gemessen (siehe DIN 50191). Man kann nun für einen Stahl eine Mindesthärte in einem bestimmten Abstand von der abgeschreckten Stirnfläche, also z. B. bei 10 mm, vereinbaren und diesen Härtewert mit J_{10} bezeichnen oder aber ein Härtbarkeitsstreuband vorgeben, in das die Stirnabschreckproben aller Schmelzen eines Stahles fallen sollten. Das Streuband kommt dadurch zustande, daß die chemische Zusammensetzung der Stähle in bestimmten Analysengrenzen schwanken darf. Für den Stahl 34 Cr 4 (siehe Tafel 3) erstrecken sie sich z. B. von 0,30–0,37% Kohlenstoff und 0,90 bis 1,20% Chrom. Auch können sich Unterschiede in der Warmverformung und der Wärmebehandlung auf die Härtbarkeit auswirken (Schmelzenabhängigkeit).

Noch mehr als die Stirnabschreckkurve sagt ein ZTU-Schaubild über die Härtbarkeit aus. In Bild 23 sind drei Stähle mit etwa 0,45% Kohlenstoff, aber unterschiedlichem Legierungsgehalt gegenüber ge-

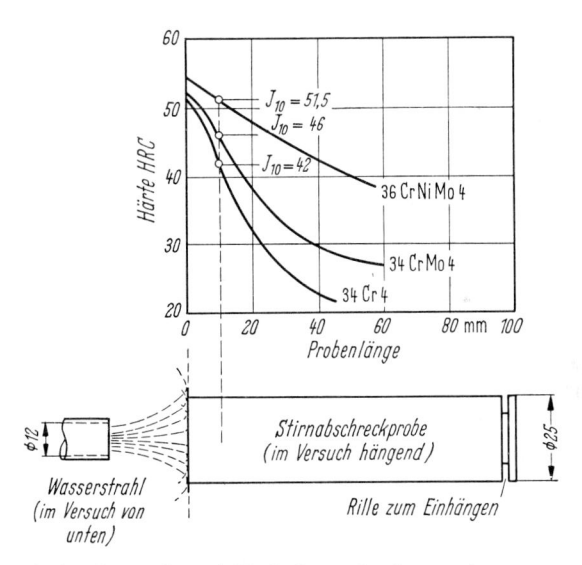

Bild 22. Stirnabschreckversuch und Einfluß von Legierungselementen auf den Verlauf der Stirnabschreckkurve

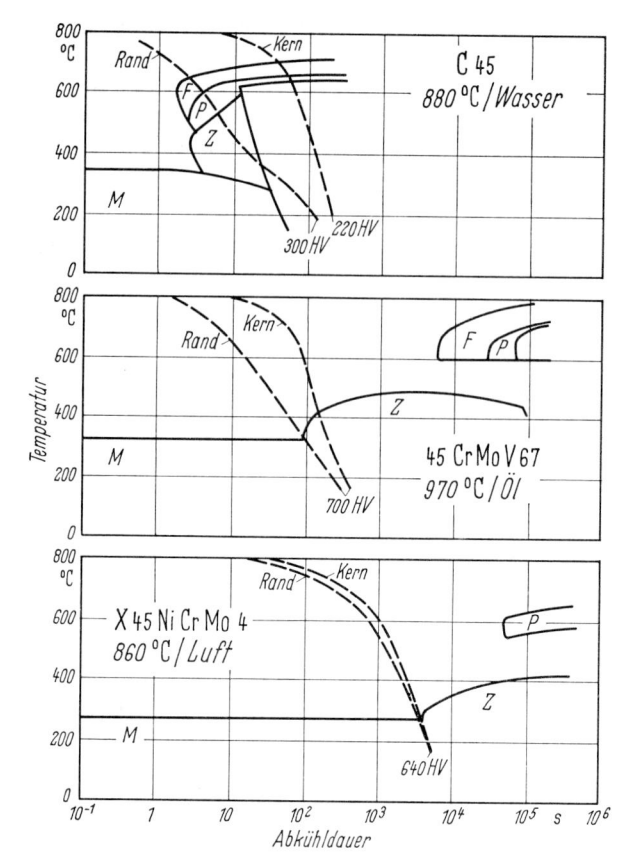

Bild 23. Vergleich der Härtbarkeit unterschiedlich legierter Stähle mit gleichem Kohlenstoffgehalt anhand ihrer ZTU-Schaubilder (- - - - Abkühlkurven für 100 mm Durchmesser)

Stahl	Mittlere chemische Zusammensetzung				
	% C	% Cr	% Ni	% Mo	% V
C 45	0,45				
48 CrMoV 6 7	0,45	1,45		0,75	0,30
X 45 NiCrMo 4	0,45	1,35	4,05	0,25	

stellt. Die Umwandlungslinien für Ferrit, Perlit und Zwischenstufe des unlegierten Stahles C 45 verlaufen weit links, d. h. die Umwandlung setzt rasch ein. Bei dem CrMoV-legierten Stahl sind die Ferrit-Perlit-Nase und die Zwischenstufennase weiter nach rechts gerückt. Hier kann man sich bei der Abkühlung mehr Zeit lassen. Der Stahl ist besser härtbar. Noch deutlicher wird das an dem Beispiel des NiCrMo-legierten Stahles, dessen Ferrit- und Perlitnase am weitesten rechts liegen.

Betrachten wir nun die Abkühlung eines Stabes mit 100 mm Durchmesser. Schrecken wir diese Abmessung des Stahles C45 in Wasser ab, so verläuft die Abkühlkurve für den Rand durch Ferrit-, Perlit- und Zwischenstufengebiet und erreicht eine Härte von ungefähr 300 HV. Die Abkühlkurve des Kerns fällt langsamer, berührt das Zwischenstufengebiet nicht und erreicht ein Ferrit-Perlit-Gefüge mit einer Härte von 220 HV. Die gleiche Abmessung des Stahles 45 CrMoV 67 wird bei der milderen Ölabkühlung im Rand vollständig martensitisch und entsprechend hart. Im Kern bildet sich ein wenig Zwischenstufe. Der Stahl X 45 NiCrMo 4 erzielt bei 100 mm Durchmesser und Luftabkühlung Martensit. Wir erkennen, daß der unlegierte Stahl in dieser Abmessung selbst bei schroffer Wasserabkühlung nicht richtig hart wird, während 45 CrMoV 67 als Ölhärter und X 45 NiCrMo 4 als Lufthärter anzusprechen ist. Übrigens kann man an diesem Vergleich auch gut erkennen, daß die Temperaturunterschiede zwischen Rand und Kern während der Abkühlung um so kleiner werden, je milder sie durchgeführt wird. Das verringert die Spannungen und damit Verzug- und Rißgefahr (siehe Abschnitt 3.1.3 „Härten").

3.2.2. Nachteilige Einflüsse der Eisenbegleiter

Über die Wirkung der Legierungselemente bei der Erzeugung ganz bestimmter Stahleigenschaften werden wir im nächsten Kapitel noch mehr hören. Vorher soll über unliebsame Einflüsse einiger unbeabsichtigter Verunreinigungen gesprochen werden, die sich auf dem Weg vom Erz zum Stahl eingeschlichen haben.

Phosphor wirkt versprödend auf den Stahl. Dieser Effekt wird durch seine Neigung, sich bei der Erstarrung im Kern anzureichern (Seigerung) noch verstärkt. Durch oxydierende Bedingungen (Frischen) versucht man, ihn im Schmelzofen des Stahlwerkes zu verbrennen und in der Schlacke festzuhalten. Bei den Massenstählen liegt er meist unter 0,05%, in Edelstählen unter 0,025%. Bis herunter zu Gehalten von 0,01% fördert er die Anlaßsprödigkeit, die auch durch Elemente wie Antimon, Zinn und Arsen unterstützt wird.

Sauerstoff gelangt aus der Luft in die Schmelze. Im festen Eisen ist die Löslichkeit geringer und es entstehen Oxyde (Bild IX, Anhang). Diese nichtmetallischen Einschlüsse verschlechtern den Materialzusammenhalt und damit die Zähigkeit und Dauerfestigkeit sowie auch die Polierbarkeit. Durch Zugabe von Elementen mit großer Affinität zum Sauerstoff wie Silizium, Mangan, Aluminium und Zirkon wird er noch in der Schmelze zu Oxyden abgebunden, die aufgrund ihres geringeren spezifischen Gewichtes in die Schlacke aufsteigen können. Diesen Vorgang bezeichnet man als Desoxydation oder Beruhigung. Wird der Sauerstoff nicht abgebunden, so entweicht er wegen der abnehmenden Löslichkeit bei der Erstarrung an Kohlenstoff gebunden gasförmig. Durch diese aufsteigenden Kohlenoxydgasblasen wird die Restschmelze unruhig und man spricht von unberuhigtem Stahl.

Schwefel bildet wie Sauerstoff bei der Erstarrung nichtmetallische Einschlüsse, Sulfide genannt. Das Eisensulfid hat einen niedrigen Schmelzpunkt, kann bei der Warmverformung erweichen und zu Heißbruch führen, zumal der Schwefel stark seigert. Durch Zugabe von Mangan entsteht höherschmelzendes Mangansulfid und die Heißbrüchigkeit verschwindet. Die Sulfide sind in Verformungsrichtung gestreckt und wirken besonders bei Zugbeanspruchung quer zu dieser Achse versprödend. Der Schwefelgehalt wird in den Massenstählen auf weniger als 0,05% begrenzt. Will man ihn in Edelstählen z. B. auf weniger als 0,02% entfernen, so muß im Anschluß an das Frischen zum Entfernen des Phosphors noch eine zweite reduzierende Kalkschlacke aufgegeben werden, mit der er sich dann verbindet. Dieses „Feinen" verringert gleichzeitig auch den Sauerstoffgehalt. Die Versprödung durch Sulfide wird zum Spanbrechen bei der Zerspanung genutzt. Das führt zu Automatenstählen (DIN 1651, Bild X, Anhang). Es sind untereutektoide Kohlenstoffstähle mit ca. 0,2% Schwefel. Aber auch legierte Stähle werden in einigen Fällen zur Verbesserung der Zerspanbarkeit geschwefelt. Selen bildet Selenide, die ähnlich wirken. Blei fördert in Form feinverteilter Einschlüsse die Zerspanbarkeit.

Stickstoff liegt meist unter 0,01% und nach der Warmverformung in übersättigter Lösung vor, aus der er sich nach längerer Lagerung insbesondere bei etwas erhöhten Temperaturen ausscheidet und versprödend wirkt. Dieser als Alterung bekannte Vorgang läuft in den wärmebeeinflußten Zonen beim Schweißen rascher ab und kann im Zusammenhang mit den Schweißspannungen zu Rissen führen. Zur Unterbindung der Alterung wird der Stickstoff an Aluminium gebunden. Die dabei entstehenden feinverteilten Aluminiumnitridausschei-

3.2. Einfluß der Legierungselemente

dungen haben noch den Vorteil, daß sie das Kornwachstum beim Schweißen oder Einsatzhärten bremsen (Feinkornstahl). In einigen austenitischen Stählen wird Stickstoff zur Anhebung der 0,2-Grenze und zur Stabilisierung des Austenits über stickstoffhaltige Vorlegierungen der Schmelze zugegeben.

Wasserstoff besitzt das kleinste Atom, ist auf Zwischengitterplätzen sehr beweglich und kann noch nahe Raumtemperatur im Stahl diffundieren. Beim Abkühlen von der Warmverformung kann er zu pfenniggroßen Aufreißungen (Flocken) im Kern führen, wenn man ihm nicht durch Flockenfreiglühen oder sehr langsame Abkühlung Gelegenheit gibt, aus dem Stahl herauszudiffundieren. Auch durch Vakuumbehandlung der Schmelze versucht man ihn zu entfernen. Manchmal gelangt der Wasserstoff zum Schluß der Verarbeitung beim Galvanisieren in den Stahl und führt zu zeitabhängigen Sprödbrüchen, wenn nicht ein Wasserstofffreientspannen bei 150–200 °C durchgeführt wird.

4. Stähle für bestimmte Anwendungsgebiete

Bevor wir nun mit der Besprechung einzelner Stahlgruppen beginnen, wollen wir uns die Bezeichnung der vielen unterschiedlich legierten Stähle erleichtern. Die Stahlindustrie hat ein System von Kurzbezeichnungen für Stähle entwickelt, das in DIN 17006 niedergelegt ist. Es wird ergänzt von einem Nummernsystem, dessen Wesen in DIN 17007 beschrieben wird.

4.1. Systematische Bezeichnung der Stähle

Kurzname. Die unlegierten Massenbaustähle werden nach ihrer Festigkeit bezeichnet. So steht St 37 für einen Stahl mit 37 kp/mm² * Mindestzugfestigkeit. Da eigentlich die Streckgrenze für den Konstrukteur wichtiger ist, sind die neueren schweißbaren Feinkornbaustähle durch ihre Mindeststreckgrenze gekennzeichnet, was durch Einfügen eines E deutlich wird z. B. StE 36. Während hier im Kurznamen nur ein Hinweis auf die mechanischen Eigenschaften gegeben wird, ist bei Qualitäts- und Edelstählen die Kurzbezeichnung von der chemischen Zusammensetzung bestimmt. An erster Stelle steht die Kennzahl für den Kohlenstoff. Es folgen die chemischen Symbole der Legierungselemente, und zwar in der Reihenfolge ihres Einflusses. Daran schließen sich die Kennzahlen für die Höhe des Legierungsgehaltes an. Um gebrochene Zahlen zu vermeiden, werden als Legierungskennzahlen nicht einfach die Prozentgehalte der Legierungselemente eingesetzt, sondern durch Multiplikation der Prozentgehalte mit einem für jedes Legierungselement festgelegten Faktor ganze Zahlen erreicht.

Legierungszusätze:	Multiplikator
Cr, Co, Mn, Ni, Si, W	4
Al, Be, Pb, Cu, Mo, Nb, Ta, Ti, V, Zr	10
P, S, N, Ce, C	100

Ein Vergütungsstahl mit der Soll-Analyse 0,34% Kohlenstoff und 1% Chrom erhält demnach die Kurzbezeichnung 34 Cr 4. Liegen mehrere Elemente mit gleichem Gehalt vor, so erscheint die Kennzahl nur

---

* Alte Einheit, entspricht rund 360 N/mm².

einmal. Ein Einsatzstahl mit 0,18% Kohlenstoff, 2% Chrom und 2% Nickel bekommt deshalb die Kurzbezeichnung 18 CrNi 8. Die Kennzahl entfällt, wenn sie zur Bestimmung des Stahles und Unterscheidung von ähnlichen Stählen nicht unbedingt erforderlich ist. Ein Nitrierstahl mit 0,34% Kohlenstoff, 1,25% Chrom, 1% Aluminium und 0,2% Molybdän müßte so die Bezeichnung 34 CrAlMo 5 10 2 tragen. Die beiden letzten Kennzahlen erscheinen aber nicht; der Stahl heißt 34 CrAlMo 5.

Bei unlegierten Stählen wird der Kohlenstoff-Kennzahl das chemische Symbol vorangestellt. C 60 steht also für einen Stahl mit 0,60% Kohlenstoff ohne weitere Legierungszusätze und ist wohl zu unterscheiden von St 60, einem unlegierten Massenbaustahl mit 590 N/mm² Mindestzugfestigkeit, der nur etwa 0,40% Kohlenstoff enthält.

Im Falle hochlegierter Stähle erübrigt sich, außer bei Kohlenstoff, der Multiplikator, da die Prozentgehalte der Legierungselemente ohnehin ganze Zahlen ergeben. Deshalb wird hier der Kurzbezeichnung ein X vorangestellt und die Kennzahl gleich dem Prozentgehalt gesetzt. Der hochlegierte nichtrostende Stahl mit 0,12% Kohlenstoff, 18% Chrom und 8% Nickel erhält die Kurzbezeichnung X 12 CrNi 18 8.

Den Kurzbezeichnungen können Kennbuchstaben und -zahlen vorangestellt oder angefügt werden, die zur weiteren Kennzeichnung dienen. Zum Beispiel bedeuten vorangestellt:

M	Erschmelzung im SM-Ofen	
T	Erschmelzung im Thomas-Konverter	an erster Stelle
E	Elektrostahl allgemein	
Y	Sauerstoffaufblasstahl	

A	alterungsbeständig	
S	schmelzschweißbar	
TT	tieftemperaturzäh	an zweiter Stelle
WT	wetterfest	
usw.		

und nachgestellt:

G	weichgeglüht		K	kaltverformt
N	normalgeglüht		H	gehärtet
V	vergütet		A	angelassen
U	unbehandelt		S	spannungsfreigeglüht
usw.			E	einsatzgehärtet

Beispiel: E 42 CrMo 4 V = Elektrostahl mit 0,42% Kohlenstoff, 1% Chrom und Mo-Zusatz, vergütet.

Durch Voranstellen eines G- wird auf die Fertigung in Stahlformguß hingewiesen (z. B. G-42 CrMo 4).

Die Kurzbezeichnung für Schnellstähle besteht aus dem Buchstaben S mit nachgestellten Ziffern. Davon bedeutet die erste den Wolfram-, die zweite den Molybdän-, die dritte den Vanadin- und die vierte den Kobalt-Gehalt in Gewichtsprozent. Beispiel: S 18-1-2-5.

Werkstoffnummer. Die Werkstoffnummern sind siebenstellig. Darin kennzeichnet die erste Ziffer die Werkstoffhauptgruppe (1 für Stahl, 2 für Schwermetall, 3 für Leichtmetalle usw.). Die zweite bis fünfte Ziffer ergibt die Sortennummer. Die sechste Ziffer steht für die Erschmelzungsart (beginnend mit 1 für unberuhigten Thomasstahl bis 9 für Elektrostahl). Die siebente Ziffer gibt den Behandlungszustand an (z. B. 2 für weichgeglüht, 5 für vergütet, 7 für kaltverformt). In der Stahlindustrie wird häufig nur die Sortennummer angegeben, eine vierstellige Zahl, deren erste Ziffer die Sortenklasse und deren zweite die Legierungsgruppe anzeigt, während die dritte und vierte Ziffer laufende Zählnummern bedeuten.

Die Ziffer für die Sortenklasse bedeutet:

0   Massen- und Qualitätsstähle
1   unlegierte Edelstähle
2   Werkzeugstähle
3   verschiedene Stähle   ⎫
4   chemisch- bzw. temperaturbeständige Stähle   ⎬ legiert
5—8   Baustähle   ⎭

Beispiel: 1.2721.92; in dieser Werkstoffnummer bedeuten die Ziffern

1   Werkstoffhauptgruppe Stahl
2   Sortenklasse legierter Werkzeugstahl   ⎫
7   Legierungsgruppe nickelhaltig   ⎬ Sortennummer 2721
21   Zählnummer   ⎭
9   Elektrostahl
2   weichgeglüht

Die Werkstoffnummern werden vom Verein Deutscher Eisenhüttenleute vergeben und sind in der Stahl-Eisen-Liste aufgeführt.

4.2. Baustähle

Diese Stahlgruppe hat den weitaus größten Anteil an der Stahlerzeugung. Wir unterscheiden die unlegierten Baustähle, die hochfesten

4.2. Baustähle

schweißbaren Baustähle und die für eine Wärmebehandlung vorgesehenen Baustähle.

4.2.1. Unlegierte Baustähle

Schiffe, Brücken, Hallenkonstruktionen, Waggons, Maste, Rohrleitungen, Betonarmierungen usw. sind Beispiele für die Anwendung dieser Massenstähle. Sie werden erzeugt in Form von Stabstahl, Blechen, I-Trägern, T- und U-Profilen, Rohren, Draht usw. Es gibt viele Sorten. Die wichtigsten sind in DIN 17100 aufgeführt (Tafel 2 a). Nach ihrer Zugfestigkeit benannt von St 33—St 70 enthalten sie Kohlenstoffgehalte von 0,15—0,50%. Steigender Kohlenstoffgehalt bedeutet mehr Perlit im Perlit-Ferrit-Gefüge und damit höhere Festigkeit. Die Lieferung erfolgt im gewalzten (naturharten) oder normalgeglühten Zustand. Mit einer Zunahme der Festigkeit ist eine Abnahme der Zähigkeit (Bruchdehnung) verbunden. Nach ihrer Sprödbruchempfindlichkeit kann man diese Stähle in drei Gruppen einteilen: für St 33, St 50-2, St 60-2 und St 70-2 ist keine besondere Prüfung der Sprödbruchempfindlichkeit vorgesehen, für St 37-2 und St 44-2 wird eine ISO-V-Kerbschlagarbeit von mindestens 27 J bei 20 °C gewährleistet und für St 37-3, St 44-3, St 52-3 gilt dieser Wert im unbehandelten Zustand bei 0 °C und im normalgeglühten Zustand bei −20 °C. Dazu werden die Stähle der dritten Gruppe im Stahlwerk mit Aluminium besonders beruhigt, um neben Sauerstoff auch den Stickstoff zu binden (siehe 3.2.2). Da die Sprödbruchanfälligkeit durch Stickstoff in der Schweißwärme gefördert wird, sind die beruhigten Stähle beim Schweißen vorzuziehen. Ohne Vorwärmung sind Stähle bis etwa 0,22% Kohlenstoff schweißbar. Bei höheren Kohlenstoffgehalten kann es beim Schrumpfen der Schweißzone während der Abkühlung zu Rissen kommen. Wichtig für die weitere Verarbeitung ist auch die Umformbarkeit im kalten Zustand. Sie kann durch einen Faltversuch überprüft werden.

Durch Zugabe von 0,65% Chrom, 0,4% Kupfer, maximal 0,40% Nickel und erhöhten Phosphorgehalt werden festhaftende Rostschichten erzeugt. Diese Deckschichten bremsen das weitere Rosten der „wetterfesten Baustähle", von denen WT St 37-2, WT St 37-3 und WT St 52-3 in Stahl-Eisen-Werkstoffblatt 087 beschrieben sind.

4.2.2. Hochfeste schweißbare Baustähle

Die Streckgrenze ist ein Maßstab für die Belastbarkeit eines Stahles. Von den schweißbaren Baustählen nach DIN 17100 erreicht der Stahl

4. Stähle für bestimmte Anwendungsgebiete

Tafel 2a. Allgemeine Baustähle nach DIN 17100 (in diesem Beispiel beziehen sich die Eigenschaften auf eine Erzeugungsdicke von 35 mm)

Stahlsorte		Desoxydationsart [1]	Chemische Zusammensetzung der Schmelze in Gew. % höchstens			Mechanische Eigenschaften [5]		
Kurzname	W.-Nr.		C	P, S je	N	R_m N/mm²	R_{eH} mind.	A [4] % mind.
St 33	1.0035	—	—	—	—	≥ 290	175	18 16
St 37-2	1.0037	—	0,20	0,050	0,009	340– 370	225	26
USt 37-2	1.0036	U	0,20	0,050	0,007		225	24
RSt 37-2	1.0038	R	0,17	0,050	0,009		225	
St 37-3	1.0116	RR	0,17	0,040	—[3]		225	
St 44-2	1.0044	R	0,21	0,050	0,009	410– 540	265	22
St 44-3	1.0144	RR	0,20	0,040	—[3]		265	20
St 52-3	1.0570	RR	0,22	0,040	—[3]	490– 630	345	22 20
St 50-2	1.0050	R	0,30 [2]	0,050	0,009	470– 610	285	20 18
St 60-2	1.0060	R	0,40 [2]	0,050	0,009	570– 710	325	16 14
St 70-2	1.0070	R	0,50 [2]	0,050	0,009	670– 830	355	11 10

[1] U unberuhigt, R beruhigt (einschließlich halbberuhigt), RR besonders beruhigt.
[2] Mittlerer Gehalt (Richtwert).
[3] Zusatz an stickstoffabbindenden Elementen (z.B. mind. 0,020% Al gesamt).
[4] Oberer Wert in Längs-, unterer Wert in Querrichtung
[5] Für St 33 im warmgewalzten, unbehandelten Zustand, für die übrigen im normalgeglühten Zustand, R_m Zugfestigkeit, R_{eH} obere Streckgrenze, A Bruchdehnung (vergl. Abschnitt 5.3).

4.2. Baustähle

St 52-3 mit 350 N/mm² den höchsten Wert. Das Bestreben geht nun dahin, höhere Streckgrenzen zu erzielen ohne die Schweißeignung zu beeinträchtigen, sowie möglichst den Abfall der Kerbschlagzähigkeit zu tieferen Temperaturen zu verschieben und die Stähle sprödbruchsicherer zu machen (siehe Abschnitt 5.3.). Eine Erhöhung des Kohlenstoffgehaltes über 0,22% würde die Streckgrenze anheben, aber Schweiß-

Tafel 2 b. Mechanische Eigenschaften von schweißbaren Feinkornbaustählen nach Stahl-Eisen-Werkstoffblatt 089-70 für Dicken bis 70 mm

Kurz-name	W.-Nr.	R_e N/mm² mind.	R_m N/mm² von/bis	A_5 % mind.	A_v (DVM)[1] J mind.	
					20 °C	−50 °C
St E26	1.0461	235	360/480	25	62	38
St E29	1.0486	265	390/510	24	62	38
St E32	1.0846	295	440/560	23	62	—
St E36	1.0854	335	490/630	22	62	—
St E39	1.8900	345	500/650	20	62	38
St E43	1.8902	380	630/680	19	62	38
St E47	1.8905	420	560/730	17	62	34
St E51	1.8907	450	610/770	16	55	31

[1] für Längsproben im normalgeglühten Zustand; Werte bei −50 °C gelten für entsprechende TT-Güten (andere W.-Nr.!).

risse und Sprödbruchanfälligkeit fördern. Dieser Weg ist deshalb nicht gangbar.

Eine Anhebung der Streckgrenze ist durch Verringerung der Korngröße erreichbar. Außer Aluminium wirken die Elemente Niob und Vanadin in dieser Richtung und führen außerdem schon bei geringen Zusätzen zu einer Ausscheidung von Karbiden und Nitriden (Karbonitriden), die eine weitere Verbesserung der Streckgrenze mit sich bringen. So kann der Kohlenstoffgehalt gesenkt und der Perlitanteil im Gefüge verringert werden. Diese Stähle werden deshalb auch als perlitarme Feinkornbaustähle bezeichnet. Durch kontrolliertes Walzen wird die Korngröße weiter verringert und die Aushärtung intensiviert. Ein Zusatz von Zirkon oder Titan führt zu härteren Sulfideinschlüssen, die sich beim Walzen nicht so gut verformen, weniger in die Länge strecken und deshalb die Zähigkeit quer zur Walzrichtung weniger beeinträchtigen.

Will man noch höhere Streckgrenzen erreichen, so werden in kleinen Mengen weitere Legierungselemente wie Chrom, Nickel, Molybdän und Kupfer zugesetzt und zusätzlich eine Wasservergütung angewendet. Die Streckgrenze kann dadurch auf mehr als 690 N/mm^2 angehoben werden (Beispiel: StE 70, Werkstoff-Nr. 1.8920 mit % C 0,15; % Si 0,30; % Mn 0,80; % Cr 0,55; % Mo 0,50; % Ni 0,85; % Cu 0,35; % V 0,06 und % B 0,004). Mit zunehmender Streckgrenze und Blechdicke wird eine Vorwärmung beim Schweißen erforderlich, um Risse zu vermeiden.

Einige dieser schweißbaren Feinkornbaustähle sind im Stahl-Eisen-Werkstoffblatt 089 aufgeführt[1], und zwar beginnend bei StE 26 bis hin zu StE 51 (Tafel 2 b). Durch den Vorsatz W bzw. TT wird auf die verbesserte Warmfestigkeit bzw. Tieftemperaturzähigkeit einiger Varianten hingewiesen. So erreicht der perlitarme Feinkornbaustahl TTStE 36 noch bei −50 °C die gleiche ISO-V-Kerbschlagarbeit von 27 J, die für St 52-3 im normalgeglühten Zustand mit derselben Streckgrenze bis zu −20 °C garantiert wird.

Erwähnt seien noch die ultrahochfesten martensitaushärtenden Nickelstähle wie z. B. X 2 NiCoMo 18 8 5 mit ca. 18% Nickel, 8% Kobalt, 5% Molybdän und 0,5% Titan. Er enthält praktisch kein C, Si, Mn und ist gut schweißbar. Im lösungsgeglühten Anlieferungszustand besitzt er ein martensitisches Gefüge, das aber wegen des fehlenden Kohlenstoffs nur eine Festigkeit von 1100 N/mm^2 aufweist und zerspanbar ist. Durch Erwärmung auf knapp 500 °C läßt sich dieser Stahl durch Ausscheiden von intermetallischen Verbindungen wie Ni$_3$Ti und

---

[1] DIN 17102 in Vorbereitung.

Fe$_2$Mo aus dem fehlstellenreichen Martensit auf 1800 N/mm^2 Zugfestigkeit aushärten. Ein Anheben oder Senken des Titangehaltes beeinflußt die Menge der Ausscheidungen und damit die Zugfestigkeit in der gleichen Richtung. Leider entspricht die Dauerfestigkeit (siehe Abschnitt 5.3) nicht der hohen Zugfestigkeit.

4.2.3. Zur Wärmebehandlung bestimmte Baustähle

Wir sprechen jetzt von Stählen für den Fahrzeug- und Maschinenbau, aus denen Bauteile wie Zahnräder, Wellen, Federn, hochfeste Schrauben und anderes gefertigt werden. Sie erreichen ihre, der jeweiligen Verwendung angepaßten, besonderen Eigenschaften erst durch eine Wärmebehandlung. Sie besteht in einer Vergütung oder (und) einer Oberflächenhärtung.

Vergütungsstähle. Die Zugfestigkeit dieser Stahlgruppe fängt da an, wo die der unlegierten Baustähle aufhört. Die Vergütung steigert die Zähigkeit, ausgedrückt durch die Bruchdehnung, Brucheinschnürung und Kerbschlagarbeit, die natürlich abnehmen, wenn die Festigkeit steigt. Das ist bei den Stählen in Tafel 3 von oben nach unten der Fall. Die Steigerung der Festigkeit geht mit einer Erhöhung des Legierungsanteiles einher. Wir unterscheiden die unlegierten, die Mangan-, die Chrom-, die Chrom-Molybdän- und die Chrom-Nickel-Molybdän-Stähle. In dieser Reihenfolge steigt die Härtbarkeit und damit die Durchführung größerer Querschnitte. So erreicht z. B. der Stahl 30 CrNiMo 8 bei einer Abmessung von 200 mm Durchmesser die gleiche Festigkeit von 880—1080 N/mm^2 wie der Stahl 34 Cr 4 mit einem Durchmesser von 15 mm, und das bei noch höherer Zähigkeit. Die Vergütungsstähle werden häufig vergütet vom Stahlwerk geliefert. Sie können aber auch weichgeglüht bezogen und nach der weiteren Verarbeitung durch Kaltumformen und Zerspanen auf die höhere Gebrauchsfestigkeit vergütet werden. Zur Erleichterung der Zerspanung sind die Chrom- und Chrom-Molybdän-Stähle auch mit einem Mindestschwefelgehalt von 0,02% erhältlich (siehe Abschnitt 3.2.2 „Schwefel"). Wir wollen uns merken, daß der Kohlenstoffgehalt der Vergütungsstähle swischen 0,25 und 0,50% liegt.

Daran schließen sich nach oben die Federstähle an, deren Kohlenstoffgehalt sich meist zwischen 0,5 und 0,65% bewegt (Tafel 4). Sie erreichen deshalb auch eine höhere Zugfestigkeit von ca. 1500 N/mm^2 und entsprechend hohe Fließgrenzen, so daß der Stahl bei Belastung einen größeren elastischen (federnden) Bereich erhält. Die Wärmebehandlung besteht auch bei den Federstählen aus einer Vergütung, doch

Tafel 3. Gebräuchliche Vergütungsstähle (nach DIN 17200)

Stahlsorte		Chem. Zusammensetzung Gew.-% [1]							$> 40 \leq 100$ mm Durchmesser			
Kurzname	Werkstoff-Nr.	C	Mn	S	Cr	Mo	Ni	V	Streckgrenze (0,2-Grenze) N/mm² mindestens	Zugfestigkeit N/mm²	Bruchdehnung ($L_0 = 5\,d_0$) % mindestens	Brucheinschnürung % mindestens	Kerbschlagarbeit (DVM-Proben) J mindestens
C 22	1.0402	0,22	0,55	$\leq 0,045$					—	—	—	—	—
C 35	1.0501	0,35	0,65						325	540/ 690	20	45	—
C 45	1.0503	0,45	0,65						375	620/ 770	17	40	—
C 55	1.0535	0,55	0,75						420	700/ 850	15	35	—
C 60	1.0601	0,60	0,75						450	740/ 890	14	35	—
Ck 22	1.1151	0,22	0,55	$\leq 0,035$					—	—	—	—	—
Ck 35	1.1181	0,35	0,65	$\leq 0,035$					325	540/ 690	20	50	41
Cm 35	1.1180	0,35	0,65	0,020/0,035									
Ck 45	1.1191	0,45	0,65	$\leq 0,035$					375	620/ 770	17	45	27
Cm 45	1.1201	0,45	0,65	0,020/0,035									
Ck 55	1.1203	0,55	0,75	$\leq 0,035$					420	700/ 850	15	40	—
Cm 55	1.1209	0,55	0,75	0,020/0,035									
Ck 60	1.1221	0,60	0,75	$\leq 0,035$					450	740/ 890	14	40	—
Cm 60	1.1223	0,60	0,75	0,020/0,035									

4.2. Baustähle

Kurzname	Werkstoff-Nr.	C	Mn	P / S	Cr	Mo	Ni	V	R_e	R_m	A_5	Z	a_k
40 Mn 4	1.5038	0,40	0,95	≤ 0,035					440	690/ 840	15	50	41
28 Mn 6	1.5065	0,28	1,50	≤ 0,035					440	640/ 790	16	50	48
38 Cr 2	1.7003	0,38	0,65	≤ 0,035	0,50				345	590/ 740	17	50	41
46 Cr 2	1.7006	0,46	0,65	≤ 0,035	0,50				440	690/ 840	15	50	41
34 Cr 4	1.7033	0,34	0,65	≤ 0,035	1,05				460	690/ 840	15	50	48
34 CrS 4	1.7037	0,34	0,75	0,020/0,035	1,05								
37 Cr 4	1.7034	0,37	0,75	≤ 0,035	1,05				510	740/ 890	14	50	41
37 CrS 4	1.7038	0,37	0,75	0,020/0,035	1,05								
41 Cr 4	1.7035	0,41	0,65	≤ 0,035	1,05				560	780/ 930	14	50	41
41 CrS 4	1.7039	0,41	0,65	0,020/0,030	1,05								
25 CrMo 4	1.7218	0,25	0,65	≤ 0,035	1,05	0,23	≤ 0,30						
34 CrMo 4	1.7220	0,34	0,65	0,035	1,05	0,23	≤ 0,30		460	690/ 840	15	60	55
34 CrMoS 4	1.7226	0,34	0,65	0,020/0,035	1,05	0,23	≤ 0,30						
42 CrMo 4	1.7225	0,42	0,65	0,035	1,05	0,23	≤ 0,30		560	780/ 930	14	55	48
42 CrMoS 4	1.7227	0,42	0,65	0,020/0,035	1,05	0,23	≤ 0,30						
50 CrMo 4	1.7228	0,50	0,65	0,035	1,05	0,23	≤ 0,30		635	880/1080	12	50	41
32 CrMo 12	1.7361	0,32	0,55	0,035	3,05	0,40	≤ 0,30		685	880/1080	12	50	34
									885	1080/1280	10	40	41
36 CrNiMo 4	1.6511	0,36	0,65	≤ 0,035	1,05	0,23	1,05		685	880/1030	12	55	48
34 CrNiMo 6	1.6582	0,34	0,55	≤ 0,035	1,55	0,23	1,55		785	980/1180	11	50	48
30 CrNiMo 8	1.6580	0,30	0,45	≤ 0,035	2,00	0,40	2,00		885	1080/1280	10	45	41
50 CrV 9	1.8159	0,50	0,90	≤ 0,035	1,05			0,15	685	880/1080	12	50	34
30 CrMoV 9	1.7707	0,30	0,95	≤ 0,035	2,50	0,20		0,15	885	1080/1280	10	40	41

[1] Soweit nicht anders angegeben Mittelwerte: % P ≤ | ≤ 0,045 für Qualitätsstähle (C 25 bis C 60)
% P ≤ | ≤ 0,035 für Edelstähle (CK 25 bis 30 CrMoV 9)
% Si ~ 0,3

4. Stähle für bestimmte Anwendungsgebiete

Tafel 4. Gebräuchliche Federstähle (nach DIN 17221)

Stahlsorte		Chemische Zusammensetzung Gew.-% [1]					Mechanische Eigenschaften im vergüteten Zustand		
Kurzname	Werkstoff-Nr.	C	Si	Mn	Cr	V	Streckgrenze N/mm^2	Zugfestigkeit N/mm^2	0,2-Grenze dehnung %
Qualitätsstähle									
38 Si 7	1.0970	0,38	1,65	0,65	—	—	≥ 1030	1180—1370	6
51 Si 7	1.0903	0,51	1,65	0,65	—	—	≥ 1130	1320—1570	6
60 SiCr 7	1.0961	0,60	1,65	0,85	0,3	—	≥ 1130	1320—1570	6
Edelstähle									
55 Cr 3	1.7176	0,55	0,3	0,85	0,75	—	≥ 1180	1370—1620	6
50 CrV 4	1.8159	0,51	0,3	0,90	1,05	0,15	≥ 1180	1370—1670	6
51 CrMoV 4	1.7701	0,52	0,3	0,90	1,05	0,10	≥ 1180	1370—1670	6

[1] Mittelwerte: % P und % S je höchstens 0,045 für Qualitätsstähle und 0,035 für Edelstähle.

werden die Anlaßtemperaturen meist knapp unter 500 °C gehalten, während sie bei den Vergütungsstählen zum Teil erheblich darüber liegen. Gebräuchlich sind die Silizium-, die Chrom-Silizium-, die Chrom- und Chrom-(Mo)-Vanadin-Federstähle. Da die letzteren noch ~1% Mangan enthalten, sind sie am besten härtbar und werden für dickere Blatt- oder Spiralfedern verwendet. Die Silizium-Stähle neigen bei der Warmformgebung und Wärmebehandlung stärker zur Entkohlung der Oberfläche, was zu geringerer Festigkeit in der Randzone führt und die Dauerfestigkeit beeinträchtigt.

Stähle für die Oberflächenhärtung. Das Ziel dieser Stahlgruppe ist die Kombination eines bruchsicheren zähen Kernes mit einer harten verschleißfesten Oberfläche. Im Abschnitt 3.1.3 „Härten" wurde die partielle Härtung erwähnt. Sie findet als Flamm- oder Induktionshärtung breite Anwendung. Durch Gasbrenner oder Induktionsspulen erfolgt die Erwärmung auf Härtetemperatur an der Oberfläche so rasch, daß der Kern praktisch kalt bleibt und bei der Abschreckung nur der Rand unter Umständen mehrere mm tief härtet. Wegen der hohen

Erwärmungsgeschwindigkeit müssen zur Austenitisierung höhere Temperaturen angewendet werden (siehe auch ZTA-Schaubild in Abschnitt 3.1.2). Beispiele sind die Flammhärtung eines Zahnrades oder die Induktionshärtung einer Welle im Durchlauf. Bei Durchlaufhärtung wird wegen Brandgefahr nicht mit Öl, sondern einer Wasserbrause abgeschreckt. Zu hoch legierte Stähle (Ölhärter) können dabei reißen. Unlegierte Stähle wie C_f 45 und C_f 53 (f = Flammhärtung) werden im normalgeglühten oder vergüteten Zustand eingesetzt. Aber auch legierte Vergütungsstähle wie z. B. 42 CrMo 4 kommen zum Einsatz (siehe auch Stahl-Eisen-Werkstoffblatt 830).

Eine ganz andere Form der Oberflächenhärtung erfolgt bei den Nitrierstählen (Tafel 5). Sie werden — nach dem Vergüten auf 800 bis 1000 N/mm² Zugfestigkeit und Fertigbearbeiten — bei Temperaturen um 500 °C nitriert, d. h. Stickstoff diffundiert einige zehntel Millimeter in die Oberfläche ein (Bild XI, Anhang). Hat man dem Stahl Elemente wie Chrom, Molybdän oder Aluminium zulegiert, so werden diese den Stickstoff abbinden und durch Nitridbildung zu einer ganz ausgeprägten Härtesteigerung führen. Wir unterscheiden Chrom-Molybdän-legierte und Nitrierstähle mit rund 1% Aluminium, die eine höhere Oberflächenhärte erreichen, aber oft im Reinheitsgrad den Chrom-Molybdän-legierten Nitrierstählen unterlegen sind, weil Aluminium zur Oxydbildung neigt. Da die Anlaßtemperatur über der Nitriertemperatur liegt, wird die Kernfestigkeit durch die Nitrierbehandlung nicht beeinflußt. Folgende Nitrierverfahren sind gebräuchlich:

Das Glimmnitrieren ist bereits bei Temperaturen von 350 °C an aufwärts möglich und bezieht seine Wärme aus einer elektrischen Glimmentladung in stickstoffabgebendem Gas.

Das Gasnitrieren wird bei etwa 500 °C in einer beheizten, mit Ammoniak gefüllten Retorte ausgeführt.

Das Pulvernitrieren erfolgt bei Temperaturen um 570 °C durch Einpacken in Kästen mit stickstoffabgebendem Pulver.

Für das Badnitrieren z. B. das Teniferverfahren bei 570 °C verwendet man stickstoffhaltige Salzschmelzen.

Mit steigender Nitriertemperatur verläuft die Eindiffusion des Stickstoffs schneller, die erreichte Oberflächenhärte nimmt aber ab. Das Nitrieren wird auch bei vielen anderen Stählen angewendet, die nicht zu den ausgesprochenen Nitrierstählen zählen.

Bei den bisher besprochenen Stählen für die Oberflächenhärtung handelt es sich im Grunde um Vergütungsstähle. Anders verhält es

4. Stähle für bestimmte Anwendungsgebiete

Tafel 5. Gebräuchliche Nitrierstähle (nach DIN 17211)

Stahlsorte		Chemische Zusammensetzung[2] Gew.-%					Weichgeglüht Härte HB höchst.	Vergütet				Nitriert[3] Härte an der Oberfläche HV, etwa
Kurzname	Werkstoff-Nr.	C	Al	Cr	Mo	Sonst.		Durchmesser mm	Streckgrenze N/mm² mindestens	Bruchdehnung ($L_0 = 5\,d_0$) % mindestens	Kerbschlagarbeit (DVM-Proben) mindestens J	
31 CrMo 12	1.8515	0,31	—	3,05	0,40	≤ 0,3 Ni	248	≦ 16 > 16 > 40 > 100 > 160	885 835 785 735 685	10 10 11 12 12	41 48 48 48 48	800
39 CrMoV 13 9	1.8523	0,39	—	3,25	0,95	0,2 V	262	> 70	1080	8	27	800
34 CrAlMo 5	1.8507	0,34	1,0	1,15	0,20		248	> 70	590	14	41	950
41 CrAlMo 7	1.8509	0,41	1,0	1,65	0,33		262	> 100 ≦ 100	735 635	12 14	34 41	950
34 CrAlS 5[1]	1.8506	0,34	1,0	1,15	—	0,09 S	217	> 60	440	12	—	900
34 CrAlNi 7	1.8550	0,34	1,0	1,65	0,20	1,0 Ni	245	≦ 70 > 250	590	13	41	950

[1] für Sonderzwecke; [2] Mittelwerte; % Mn ~ 0,6; % P ≦ 0,030 (34 CrAlS 5 < 0,1% P); außer 34 CrAlS 5 % S ≦ 0,035. [3] Anhaltswerte

sich bei den Einsatzstählen. Sie liegen im Kohlenstoffgehalt unter dem der Vergütungsstähle, also unter 0,25%. Mit diesen niedrigen Kohlenstoffgehalten ist beim Härten nur eine mäßige Aufhärtung zu erzielen und der Stahl bleibt ohne Anlassen ziemlich zäh. Läßt man nun vor dem Härten z. B. 0,7% Kohlenstoff in die Randzone eindiffundieren (einsetzen), so erreicht nur dieser Rand beim Härten volle Martensithärte. Es werden praktisch zwei unterschiedliche Stähle gehärtet. Einer mit 0,7% Kohlenstoff außen und ein anderer mit 0,2% Kohlenstoff im Kern. Das erfordert eine niedrigere Härtetemperatur für den Rand (siehe Bild 16). Es wird deshalb zum Teil eine zweite Härtung durchgeführt, wobei deren Temperatur niedriger liegt und dem Rand entspricht, der bei dieser Gelegenheit umkristallisiert und rückgefeint wird, wenn er bei der relativ hohen Aufkohlungstemperatur grobkörnig geworden ist.

Ein feines Korn im Anlieferungszustand (Ferritkorngröße) kann nämlich durch die mehrstündige Haltedauer auf Einsatztemperatur im Austenitgebiet eine Kornvergröberung erfahren (Austenitkorngröße) und zu grobem Martensit nach dem Härten führen. Erst durch Verwendung von Feinkornstählen mit etwa 0,025—0,05% Aluminium (siehe Abschnitt 3.2.2 „Stickstoff") wird die Grobkornbildung gebremst (Bild XII, Anhang). Solche Stähle werden häufig direkt von Aufkohlungstemperatur gehärtet. Insbesondere die Molybdän-Chrom-Stähle wurden als Direkthärter entwickelt, um eine zweite Härtung einzusparen.

Im übrigen dient der Legierungsgehalt dazu, auch in größeren Querschnitten die Kernfestigkeit auf eine gewünschte Höhe zu bringen und die Randhärtbarkeit zu verbessern. Unlegierte Einsatzstähle, insbesondere in Feinkorngüte, neigen zu Weichfleckigkeit der Oberfläche. Folgende Legierungsgruppen sind gebräuchlich (Tafel 6): unlegierte, Chrom-(Mangan)-, Molybdän-Chrom- und Chrom-Nickel-(Molybdän)-Stähle. Ähnlich wie beim Nitrieren wird der Kohlenstoff aus gasförmigen, flüssigen oder festen Aufkohlungsmitteln entnommen, allerdings bei höherer Temperatur, meist zwischen 880 und 950 °C und einigen Stunden Haltedauer. Man spricht von Gasaufkohlung durch Kohlenoxyd oder Propan, Salzbadaufkohlung in Cyan-haltigen Salzschmelzen und Kastenaufkohlung in Holzkohle mit aktivierenden Zusätzen. Über die Temperatur und Haltedauer werden Aufkohlungstiefen meist zwischen 0,2 und 2 mm eingestellt. Um die hohe Randhärte nicht zu beeinträchtigen, wird nur bei ziemlich niedrigen Anlaßtemperaturen, ungefähr zwischen 150 und 250 °C, angelassen.

58 4. Stähle für bestimmte Anwendungsgebiete

Tafel 6. Gebräuchliche Einsatzstähle (nach DIN 17210)

Stahlsorte		Chemische Zusammensetzung[1] Gew.-%						Behandlungszustand			Behandlungszustand E[3] 30 mm Durchmesser		
Kurzname	Werkstoff-Nr.	C	Mn	S	Cr	Mo	Ni	G (weichgeglüht)	BF[2] (wärmebehandelt auf bestimmte Zugfestigkeit)	BG (wärmebehandelt auf Ferrit-Perlit-Gefüge)	Zugfestigkeit N/mm²	Bruchdehnung ($L_0 = 5\,d_0$) % mindestens	Brucheinschnürung % mindestens
								Brinellhärte HB 30 höchstens					
C 10	1.0301	0,10	0,40	≦ 0,0045				131	—	90—126	⎫ 490— 640	16	45
Ck 10	1.1121	0,10	0,40	≦ 0,035				131	—	90—126	⎭	16	50
C 15	1.0401	0,15	0,40	≦ 0,045				146	—	103—140	⎫ 590— 790	14	40
Ck 15	1.1141	0,15	0,40	≦ 0,035				146	—	103—140		14	45
Cm 15	1.1140	0,15	0,40	0,020/0,035				146	—	103—140	⎭	14	45
15 Cr 3	1.7015	0,15	0,50	≦ 0,035	0,55			174	126—174	118—160	⎫ 690— 890	11	40
16 MnCr 5	1.7131	0,16	1,15	≦ 0,035	0,95			207	156—207	140—187	⎫ 780—1080	10	40
16 MnCrS 5	1.7139	0,16	1,15	0,020/0,035	0,95			207	156—207	140—187	⎭	10	40
20 MnCr 5	1.7147	0,20	1,25	≦ 0,035	1,15			217	170—217	152—201	⎫ 980—1280	8	35
20 MnCrS 5	1.7149	0,20	1,25	0,020/0,035	1,15			217	170—217	152—201	⎭	8	35
20 MoCr 4	1.7321	0,20	0,75	≦ 0,035	0,40	0,45		207	156—207	140—187	⎫ 780—1080	10	40
20 MoCrS 4	1.7323	0,20	0,75	0,020/0,035	0,40	0,45		207	156—207	140—187	⎭	10	40
25 MoCr 4	1.7325	0,25	0,75	≦ 0,035	0,50	0,45		217	170—217	152—201	⎫ 980—1280	8	35
25 MoCrS 4	1.7326	0,25	0,75	0,020/0,035	0,50	0,45		217	170—217	152—201	⎭	8	35
15 CrNi 6	1.5919	0,15	0,50	≦ 0,035	1,55		1,55	217	170—217	152—201	880—1180	9	40
18 CrNi 8	1.5920	0,18	0,50	≦ 0,035	1,95		1,95	235	187—235	170—217	1180—1430	7	35
17 CrNiMo 6	1.6587	0,17	0,50	≦ 0,035	1,65	0,30	1,55	229	179—229	159—207	1080—1330	8	35

[1] Soweit nicht anders angegeben Mittelwerte; % P ≦ 0,045 für C 10 und C 15, sonst ≦ 0,035, % Si ~ 0,3. In Feinkornstählen, die für Direkthärtung vorgesehen sind, sollten ≧ 0,02% metallisches Aluminium enthalten sein.
[2] Die angegebenen Werte gelten für Durchmesser bis 150 mm, 15 Cr 3 bis 70 mm.
[3] Mechanische Eigenschaften im Kern nach dem Einsatzhärten.

Der Anlieferungszustand der Einsatzstähle ist entweder weichgeglüht (G nach DIN 17210), wenn die Weiterverarbeitung durch Kaltumformung erfolgt, oder behandelt auf bestimmte Festigkeit (BF) bzw. auf ein bestimmtes Gefüge (BG), wenn zerspant werden soll. Der Zustand G würde für die Zerspanung zu weich sein und schmieren. Bei BG handelt es sich um ein durch Umwandlungsglühen mit geregelter Abkühlung erzieltes Ferrit-Perlit-Gefüge, das sich besonders gut zerspanen läßt. Ungünstiger sind in dieser Hinsicht Mischgefüge mit zusätzlichen Zwischenstufenanteilen (Bild VIII, Anhang).

Es gibt noch eine Reihe anderer Verfahren zur Oberflächenhärtung, von denen erwähnt sei: Das Karbonitrieren durch gleichzeitiges Eindiffundieren von Kohlenstoff und Stickstoff bei ca. 800 °C mit anschließendem Abschreckhärten. Das Borieren durch Aufnahme von Bor bei ca. 900 °C und Bildung sehr harter Boridschichten (etwa 1800 HV). Das Auftragsschweißen verschleißbeständiger Schichten oder das galvanische Hartverchromen und das stromlose Vernickeln beruhen nicht auf einer Wärmebehandlung.

4.3. Werkzeugstähle

Handwerkzeuge sind jedermann bekannt. Sie dienen zur Fertigung von Gegenständen. Der überwiegende Teil der Fertigung läuft aber heute über Maschinen, wo den Werkzeugen mehr abverlangt wird. Um das deutlich zu machen, vergleichen wir einen Handmeißel mit einem Preßluftmeißel, eine Handsäge mit einer Kreissäge oder einen Amboß mit einem Schmiedesattel. Die zu fertigenden Teile können aus Papier, Holz, Kunststoff, Stein, Metall usw. bestehen. Will man mit Werkzeugen diesen Werkstoffen ihre Form geben, so muß das Werkzeug härter sein, und zwar bei der jeweiligen Arbeitstemperatur. Sie ist ein wichtiger Faktor, da sie die Härte der Werkzeugstähle beeinflußt. Wir unterscheiden deshalb die Kaltarbeitsstähle und die Warmarbeitsstähle.

4.3.1. Kaltarbeitsstähle

Diese Stähle müssen hart, verschleißbeständig und ausreichend zäh sein. Wie wir gesehen hatten sind Härte und Zähigkeit gegenläufige Eigenschaften. Hält man den Kohlenstoffgehalt unter 0,7%, so erreichen die Stähle nicht die volle Martensithärte und bleiben etwas zäher als Stähle mit mehr Kohlenstoff. Liegt der Kohlenstoffgehalt über der für die maximale Martensithärte nötigen Grenze, so bilden sich Karbide, die als eingelagerte Hartstoffteilchen zusätzlich zu der Martensithärte

Tafel 7. Gebräuchliche Kaltarbeitsstähle (s. a. Stahl-Eisen-Werkstoffblätter 150 und 200 und Entwurf DIN 17350)

Gruppe	Stahlsorte		Chemische Zusammensetzung Gew.-% [1]								HRC [2]	Anwendungsbeispiele
	Kurzname	Werkstoff-Nr.	C	Si	Mn	Cr	Mo	Ni	V	W		
1 zäh	C 45 W 3	1.1730	0,45	0,3	0,7						57	Handwerkzeug, Aufbauteile für Werkzeuge, landw. Werkz.
	C 60 W 3	1.1740	0,60	0,3	0,7						55	
	45 WCrV 7	1.2542	0,45	1,0	0,3	1,1			0,2	2,0	57	Schlagzähe Stähle für Meißel und zum Stanzen dicker Bleche
	60 WCrV 7	1.2550	0,60	0,6	0,3	1,1			0,2	2,0	60	
	50 NiCr 13	1.2721	0,50	0,3	0,5	1,1		3,3			58	Massivprägewerkzeuge, Besteckstanzen mit guter Durchhärtung
	X 45 NiCrMo 4	1.2767	0,45	0,2	0,4	1,4	0,3	4,1			56	
	21 MnCr 5	1.2162	0,21	0,3	1,3	1,2					63	Einsatzstähle für Kunststofformen
	X 19 NiCrMo 4	1.2764	0,19	0,2	0,4	1,3		4,1			62	
	X 36 CrMo 17	1.2316	0,36	≦1	≦1	17	0,2 1,2				50	für korrosionsbest. Kunststofformen zur Verarbtg. v. PVC
2 hart	C 80 W 1	1.1525	0,80	0,2	0,2						64	Gesenke mit flachen Gravuren, Kaltschlagwerkz., Steinmeißel
	C 105 W 1	1.1545	1,05	0,2	0,2						65	Kaltschlagwerkzeuge Präge- u. Ziehwerkzeuge
	100 Cr 6	1.2067	1,0	0,3	0,3	1,5					64	Kaltwalzen, Prägewerkzeuge, auch Kugellagerstahl
	90 MnCrV 8	1.2842	0,90	0,2	2,0	0,35			0,1		64	Stanzwerkz. f. mittl. Blechdicke und Standmenge
	105 WCr 6	1.2419	1,05	0,2	1,0	1,1				1,2	64	Gewindebohrer, Sägen, Auswerfer, Lochstempel
	115 CrV 3	1.2210	1,15	0,2	0,3	0,7			0,1		64	
3 karbidreich	X 210 Cr 12	1.2080	2,0	0,3	0,3	12					63,5	verzugsarmer Hochleistungsstanzstahl für dünne Bleche u. große Standmengen
	X 210 CrW 12	1.2436	2,0	0,3	0,3	12			0,7	0,5	63,5	wie vor, besser härtbar
	X 165 CrMoV 12	1.2601	1,65	0,3	0,3	12	0,6		0,1		63,5	wie vor, zäher
	X 155 CrVMo 121	1.2379	1,55	0,3	0,3	12	0,7		1,0		63,5	von 1080°C gehärtet nitrierbar

[1] Mittelwerte. [2] Anhaltswerte für die Oberflächenhärte von Proben 25×25 mm² nach dem Härten.

des Grundgefüges den Verschleiß hemmen. Aus dieser Überlegung kommen wir zu drei Gruppen von Kaltarbeitsstählen, die in Tafel 7 aufgeführt sind.

Gruppe 1: zäh. Der Kohlenstoff wird bei Härtetemperatur fast vollständig in der Matrix gelöst. Die Gebrauchshärte nimmt mit dem Kohlenstoffgehalt zu, bleibt aber im allgemeinen unter 60 HRC. C 60 W 3 ist ein Beispiel eines unlegierten Stahles dieser Gruppe. Er härtet in Öl aber nur bis zu etwa 10 mm durch. Um auch im Kern dickerer Querschnitte höhere Härten zu erreichen, wird vor allem Nickel und Chrom zulegiert (Beispiel: 50 NiCr 13). Ein weiterer Zusatz von Molybdän und Nickel kann zur Lufthärtbarkeit führen, was die Härterißgefahr bei komplizierten Werkzeugen und den Verzug verringert (Beispiel: X 45 NiCrMo 4, siehe auch Bild 23). Wolfram, Silizium und Vanadin erhöhen die Verschleißbeständigkeit und die Fließgrenze, sie verringern die Überhitzungsempfindlichkeit und erlauben höhere Härtetemperaturen (Beispiel: 45 WCrV 7). Die zähharten Stähle werden in der Stanztechnik zum Schneiden und Umformen dicker Bleche verwendet und bei Werkzeugen mit starker Kerbwirkung. In Kerben können Zugspannungsspitzen auftreten, die die Festigkeit des Stahles überschreiten und zum Bruch führen würden, wenn der Stahl nicht ausreichend zäh ist und die Spannungsspitze durch örtliche plastische Verformung abbaut. Je härter die Werkzeugstähle werden, um so besser können sie Druckspannungen ertragen, aber um so empfindlicher reagieren sie mit Brüchen bei Zugspannungsspitzen. Auch bei schlagender Beanspruchung kommen die zähharten Stähle häufig zum Einsatz, da die Belastungsgeschwindigkeit ähnlich wie der mehrachsige Zugspannungszustand am Kerb zu einer Verringerung der Werkstoffzähigkeit führt und die vollharten Stähle eher reißen.

Gruppe 2: hart. In dieser Gruppe ist der Kohlenstoffgehalt so hoch gewählt, daß volle Martensithärte erreicht wird und außerdem ungelöster Kohlenstoff als Karbid zurückbleibt. Im Gegensatz zu Gruppe 3 wird dieses Karbid nicht aus der Schmelze, sondern bei der Abkühlung von der Warmverformung aus dem Austenit ausgeschieden und ist deshalb feiner ausgebildet (vergl. dazu die Gefügeaufnahmen in Bild XIII und XV, Anhang).

Die unlegierten Stähle dieser Gruppe, insbesondere solche mit niedrigem Mangan- und Siliziumgehalt (Beispiel: C 105 W 1) haben eine geringere Durchhärtbarkeit, so daß bei größeren Querschnitten und Wasserabschreckung nur eine wenige Millimeter tiefe Randzone martensitisch härtet, während der Kern perlitisch weich und zäh bleibt

(Schalenhärter, Bild XIV, Anhang). Die Bezeichnung „W 1" bedeutet Mangan- und Siliziumgehalte unter 0,25%. Bei C 60 W 3 dagegen liegt der Mangangehalt um 0,7% und der Siliziumgehalt um 0,3%, so daß die unlegierten W 3-Stähle tiefer einhärten und nicht mehr zu den Schalenhärtern zählen. Während kompliziertere schneidende Werkzeuge wegen der Formänderung bei Wasserhärtung noch selten aus Schalenhärtern gefertigt werden, haben diese Stähle bei umformenden insbesondere schlagenden Werkzeugen einen festen Platz. Das hängt damit zusammen, daß beim Härten in der Schale Druckeigenspannungen entstehen. Treten bei der Beanspruchung die gefährlichen zur Trennung führenden Zugspannungen auf, so werden sie durch die Druckvorspannung zum Teil aufgehoben. Um die Verschleißbeständigkeit zu verbessern, gibt man Wolfram und Vanadin zu, die den Effekt der Schalenhärtung nicht stören und über die Härtetemperatur zu einer regelbaren Einhärtung führen. Mit steigender Temperatur werden mehr Karbide gelöst und die Einhärtung nimmt zu. Neben einer Steigerung der Ansprunghärte auf 67 HRC wird das Karbid Fe_3C zunächst durch Lösen von Wolfram und Vanadin härter. Man spricht von M_3C (M = Metallanteil). Bei entsprechend hohen Zusätzen bilden sich auch andere Karbidtypen, so z. B. in dem Stahl 135 V 33 ein Vanadinkarbid vom Typ MC, das eine Härte von über 2500 HV erreichen kann. Im Vergleich dazu liegt die Härte des M_3C-Karbids nur bei etwa 900 HV. Die höhere Karbidhärte verbessert die Verschleißbeständigkeit.

Durch Zugabe von Chrom, Molybdän, Mangan und Nickel wird die Härtbarkeit angehoben, so daß man von Wasser- zu Ölabkühlung und dem damit verbundenen geringeren Härteverzug kommt. Der Effekt der Schalenhärtung entfällt, allerdings ist die Durchhärtung bei großen Querschnitten sehr vom Legierungsgehalt abhängig. Die mittellegierten Ölhärter werden für schneidende Werkzeuge mittlerer Standmenge und für mittlere Blechdicken eingesetzt sowie auch für umformende Werkzeuge mit hohem spezifischem Druck, aber mäßigen Zugspannungen verwendet. In diese Gruppe fallen auch die Kugellagerstähle wie z. B. 100 Cr 6, die allerdings in dieser Anwendung nicht zu den Werkzeugstählen zählen.

Gruppe 3: karbidreich. Unlegierte Stähle dieser Gruppe haben keine praktische Bedeutung erlangt. Das aus der Schmelze gebildete Ledeburitkarbid Fe_3C umschließt die primären Austenitkörner wie ein starres Schalengerüst, bedingt eine schlechte Warmumformbarkeit und führt im Stabstahl zu groben Karbiden.

4.3. Werkzeugstähle

Bei einem ledeburitischen Stahl mit 12% Chrom liegt bei Härtetemperatur Karbid vom Typ M_7C_3 vor. Dieses Karbid scheidet sich nicht in zusammenhängenden Schalen aus, sondern als Einzelteilchen, die in die Stahlgrundmasse eingelagert sind. Das erleichtert die Warmumformung gegenüber Stahl mit ledeburitischem M_3C-Karbid und führt zu einer feineren Karbidverteilung, d. h. höherer Zähigkeit. Durch das chromreiche M_7C_3-Karbid mit einer Härte von etwa 1400 HV wird die Verschleißbeständigkeit günstig beeinflußt. Beim Stahl X 210 Cr 12 besteht z. B. ein Fünftel des Volumens aus dem karbidischen Hartstoff (siehe auch Bild XV Anhang), beim Stahl X 290 Cr 12 ist es schon fast ein Drittel. Stähle mit rund ein Drittel Karbidvolumen lassen sich nach einer Elektro-Schlacke-Umschmelzung wirtschaftlich schmieden, da durch dieses Verfahren eine gleichmäßigere Karbidverteilung im Kern erreicht werden kann (siehe Abschnitt 6.4). Zusätze von Molybdän, Wolfram und Vanadin, meist unter 1%, werden im M_7C_3-Karbid und in der Matrix dieser Chromstähle gelöst. Sie erhöhen die Menge und Härte des Karbids und verbessern die Härtbarkeit und Anlaßbeständigkeit der Grundmasse. Die Anlaßkurve fällt zunächst ab (Bild 24), steigt dann ab 400 °C wieder an, wenn man vorher entsprechend hoch gehärtet und viel Karbid in Lösung gebracht hat. Diese Sekundärhärte mit einem Maximum kurz oberhalb 500 °C wird durch die Ausscheidung feinverteilter CrMo(WV)-haltiger Sonderkarbide bewirkt (siehe Abschnitt 3.1.3 „Aushärten").

Für Werkzeuge ist ein geringer Härteverzug besonders wichtig, da man im gehärteten Zustand nur sehr mühsam nacharbeiten und das was fehlt nicht mehr zufügen kann. Die gute Härtbarkeit der Kaltarbeitsstähle mit 12% Chrom erlaubt vergleichsweise milde Ab-

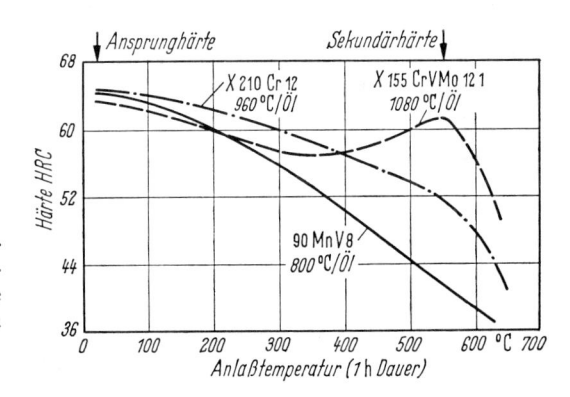

Bild 24. Anlaßschaubild für Kaltarbeitsstähle mit und ohne Sekundärhärte durch Sonderkarbidausscheidung

kühlgeschwindigkeiten bei der Härtung, so daß die Maßänderung durch Wärmespannungen klein gehalten werden kann. Die Maßänderung durch Volumenzunahme bei der Martensitbildung wird durch die bewußte Erzeugung von Restaustenit mit kleinerem spezifischem Volumen weitgehend ausgeglichen. Bei hoher Härtetemperatur erhält man viel Restaustenit, das Werkzeug schrumpft. Bei niedrigerer Härtetemperatur wird mehr Martensit gebildet, der ein größeres spezifisches Volumen besitzt und das Werkzeug wächst. Meist wird etwas zu groß gehärtet, da beim anschließenden Anlassen im unteren Temperaturbereich noch eine geringe Volumenabnahme beobachtet werden kann. Die ledeburitischen Chromstähle verhalten sich gegenüber den mittellegierten Ölhärtern und den Wasserhärtern in Bezug auf geringe Maßänderung am günstigsten.

Sie werden deshalb für sehr genaue Werkzeuge verwendet. Beim Schneiden dünner Bleche z. B. bleiben diese karbidreichen Stähle länger scharf als Stähle der Gruppe 2. Im Falle hoher Druck- und starker Verschleißbeanspruchung bewähren sie sich, sind aber von allen bisher erwähnten Stählen bei Kerbwirkung mit Zugspannungen am rißempfindlichsten. Die Zähigkeit fällt, wenn die Härte steigt und ist um so geringer, je höher der Kohlenstoff- bzw. der Karbidgehalt. Das gleiche trifft für den Verschleiß zu. Der Verschleiß eines Schneidstempels zum Schneiden von Blech ist bei einem karbidreichen Stahl der Gruppe 3 deutlich geringer als bei einem Stahl der Gruppe 2. Diese Zusammenhänge sind in Bild 25 wiedergegeben.

Stähle aus anderen Anwendungsgebieten. Häufig werden auch Stähle aus anderen Bereichen als Werkzeugstähle eingesetzt. So verwendet man für Kunststoffformen oft Vergütungsstähle, die bereits vor der Bearbeitung auf eine Härte von etwa 300 HV vergütet sind, um Verzug zu vermeiden. Hier zeigt sich, daß der Werkzeugstahl nicht immer hochhart, sondern nur entsprechend härter als das Werkstück sein muß. Werden dem Kunststoff z. B. harte Füllstoffe zugegeben oder kommt es auf gute Polierbarkeit der Form an, so werden Einsatzstähle, aber auch Kaltarbeitsstähle der Gruppe 2 und 3 ausgewählt. Bei korrosiv wirkenden Kunststoffen greift man zu Legierungen aus dem Bereich der härtbaren rostbeständigen Stähle wie z. B. X 35 Cr Mo 17 und verwendet sie als Werkzeugstähle. Das trifft auch für rostfreie Messer zu, wo z. B. die Stähle X 40 Cr 13 oder X 48 CrMoV 15 eingesetzt werden.

In der Hartzerkleinerung finden austenitische Manganstähle wie z. B. X 120 Mn 12, X 120 MnMo 12 2 oder X 130 MnMo 6 1 für Hämmer, Schlagleisten, Brechbacken, -kegel und ähnliche Werkzeuge in Gesteins- und Erzbrechern Verwendung. Sie sind im abgeschreckten Zustand weich und zäh. Erst durch die Schlagbeanspruchung bei der Arbeit tritt in der Oberfläche eine Kaltverfestigung auf, deren Härte bis über 600 HV betragen kann. Diese Schicht hemmt den Verschleiß und erneuert sich selbst über einem bruchzähen Kern.

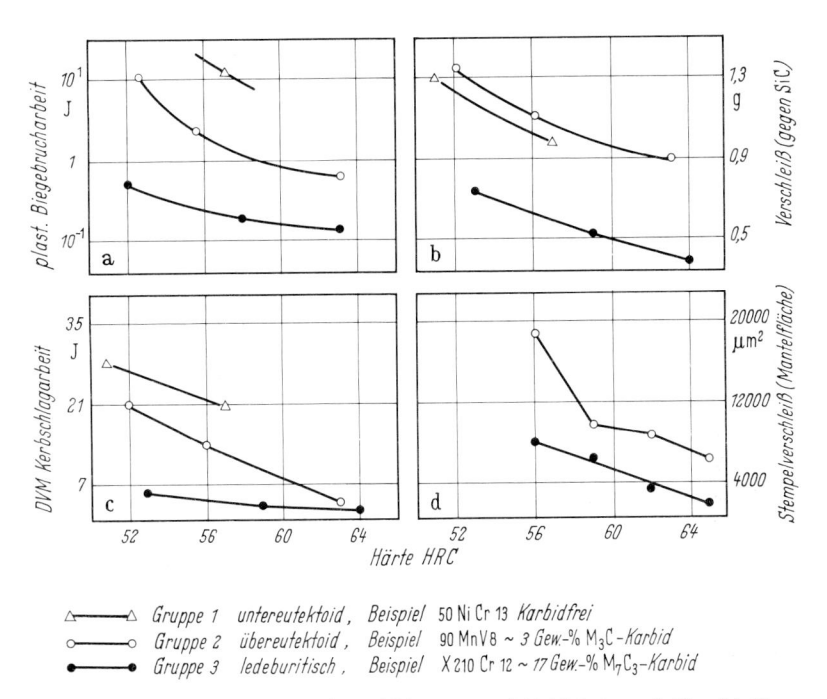

△——△ Gruppe 1 untereutektoid, Beispiel 50 NiCr13 *Karbidfrei*
○——○ Gruppe 2 übereutektoid,   Beispiel 90 MnV8 ~ 3 Gew.-% M_3C-*Karbid*
●——● Gruppe 3 ledeburitisch,   Beispiel X 210 Cr 12 ~ 17 Gew.-% M_7C_3-*Karbid*

Bild 25. Einfluß von Härte und Karbidmenge auf Zähigkeit und Verschleiß von Kaltarbeitsstählen

4.3.2. Warmarbeitsstähle

Die Härte dieser Werkzeugstähle liegt unter der für Kaltarbeitsstähle, da die zu verarbeitenden Werkstoffe, meist Metalle, im warmen Zustand ebenfalls weicher sind. Entsprechend ist auch der Kohlenstoffgehalt niedriger und bewegt sich meist zwischen 0,25 und 0,55%. Die Warmarbeitsstähle werden vorwiegend vergütet auf etwa 40—50 HRC eingesetzt. Besonders wichtig sind die Elemente Chrom, Molybdän, Wolfram, Vanadin, da sie durch Ausscheidung feinverteilter Sonderkarbide den Stahl anlaßbeständiger machen. Wir hatten diesen Aushärtungsvorgang als Sekundärhärte bereits bei den ledeburitischen Kaltarbeitsstählen kennengelernt.

Für Schmiedewerkzeuge wird bei kurzen Berührungszeiten mit dem Werkstück (Hammer) vielfach der gut durchhärtende Stahl 55 NiCrMoV 6 eingesetzt. Bei längeren Berührungszeiten und stärke-

Tafel 8. Gebräuchliche Warmarbeitsstähle (siehe Stahl-Eisen Werkstoffblatt 250 und Entwurf DIN 17350)

Stahlsorte		Chemische Zusammensetzung in Gew.%[1])						Anwendungsbeispiele
Kurzname	Werkstoff-Nr.	C	Si	Mn	Cr	Mo	V	Sonstige
55 NiCrMoV 6	1.2713	0,55	0,3	0,6	0,7	0,3	0,1	1,7 Ni	Hammergesenke
56 NiCrMoV 7	1.2714	0,55	0,3	0,7	1,0	0,5	0,1	1,7 Ni	Hammergesenke für große Abmessungen
X 38 CrMoV 5 1	1.2343	0,38	1,0	0,4	5,3	1,1	0,4		Preßgesenke, Leichtmetalldruckgießformen und -strangpreßwerkzeuge
X 40 CrMoV 5 1	1.2344	0,40	1,0	0,4	5,3	1,4	1,0		
X 32 CrMoV 3 3	1.2365	0,32	0,3	0,3	3,0	2,8	0,5		Preßgesenkeinsätze, Werkzeuge für Schmiedemaschinen, N.E.-Druckgießformen und -strangpreßwerkzeuge
X 30 WCrV 5 3	1.2567	0,30	0,2	0,3	2,4	—	0,6	4,3 W	

[1] Mittelwerte

rer Erwärmung des Werkzeuges (Presse) geht man zu höher legierten Stählen wie X 38 CrMoV 5 1, X 32 CrMoV 3 3 und X 30 WCrV 5 3 über, deren Anlaßbeständigkeit und Warmfestigkeit in dieser Reihenfolge steigt. Mit diesen drei Warmarbeitsstählen, einem chrom-, einem molybdän- und einem wolframreichen Typ, lassen sich die meisten Arbeiten der Warmumformung, aber auch des Strangpressens und Druckgießens durchführen (Tafel 8).

Während die Härtetemperaturen der Kaltarbeitsstähle meist unter 1000 °C liegen, werden die höher legierten Warmarbeitsstähle im allgemeinen darüber gehärtet. Bei den höheren Temperaturen sollen

4.3. Werkzeugstähle

sich die Sonderkarbide auflösen, damit sie sich anschließend beim Anlassen feinverteilt wieder ausscheiden können und die Anlaßbeständigkeit erzeugen. Die Anlaßwirkung geht dabei von dem heißen Werkstück aus und ein Warmarbeitsstahl sollte unter diesem Temperatureinfluß möglichst nicht erweichen und warmfest bleiben. Eine Erweichung tritt dann ein, wenn die Betriebstemperatur in die Nähe der beim Vergüten angewendeten Anlaßtemperatur kommt, weil die feinverteilt ausgeschiedenen Sonderkarbide dann zu größeren Partikeln zusammenlaufen und ihre Sperrwirkung gegen Verformung nachläßt. Durch zusätzliches Ausscheiden von Verbindungen, deren Teilchen erst bei höheren Temperaturen koagulieren, wird die Anlaßbeständigkeit verbessert. Ein Beispiel hierfür ist der Stahl X 15 CrCo MoV 10 10 5, der neben Karbiden die intermetallische Phase Fe_2Mo bildet (siehe Abschnitt 2.2.3 und Bild 26). Durch eine Härtung von der oberen Grenze der Härtetemperaturspanne wird die Anlaßbeständigkeit von Warmarbeitsstählen gefördert, aber die Zähigkeit meist gesenkt. Eine möglichst rasche Abkühlung unterdrückt versprödend wirkende Karbidausscheidungen auf den Korngrenzen, hat aber oft erhöhten Verzug zur Folge.

Eine besondere Beanspruchung erfahren die Warmarbeitsstähle durch plötzliche Temperaturschwankungen in der Oberfläche. Beim Druckgießen trifft z. B. eine heiße Metallschmelze auf die Formoberfläche und heizt sie schockartig auf, während eine Wasserkühlung die

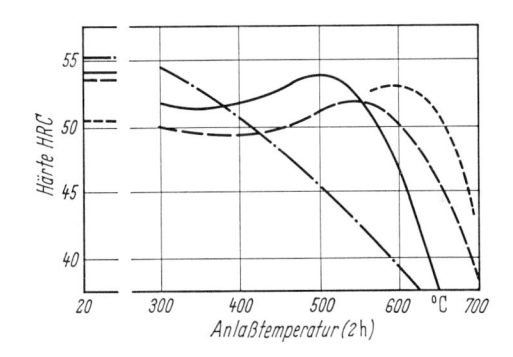

Bild 26. Anlaßschaubild von Warmarbeitsstählen
— · —   56 NiCrMoV 7   gehärtet von 860 °C
———   X 38 CrMoV 5 1   gehärtet von 1020 °C
— — —   X 32 CrMoV 3 3   gehärtet von 1030 °C
------   X 15 CrCoMoV 10 10 5   gehärtet von 1100 °C

erwärmte Oberfläche eines Schmiedewerkzeuges schlagartig abkühlt. Diese wechselnden Oberflächentemperaturen gehen aufgrund der Wärmeausdehnung mit einem Wachsen und Schrumpfen der äußeren Haut einher und ermüden den Warmarbeitsstahl. Nach einer gewissen Zahl von Arbeitsgängen beginnt sich die Oberfläche mit einem Netz von Thermoschock- oder Brandrissen zu überziehen, die häufig das Ende der Lebensdauer eines Werkzeuges herbeiführen (Bild XVI, Anhang). Eine gute Wärmeleitfähigkeit müßte sich günstig erweisen, ist aber nur durch Verringerung des Kohlenstoff- und Legierungsgehaltes zu erreichen, worunter aber auch die Warmfestigkeit leiden würde. Der Stahl 21 CrMo 10 für Schleudergußkokillen ist z. B. auf gute Wärmeleitfähigkeit ausgerichtet. Als recht brandrißbeständig und unempfindlich gegenüber Auswaschung durch flüssige Leichtmetallschmelzen beim Druckgießen haben sich martensitaushärtende Nickelstähle vom Typ X 2 NiCoMo 18 8 5 (siehe Abschnitt 4.2.2) gezeigt. Ihre zunder- und verzugsarme Härtung auf 50–55 HRC sowie die gute Schweißbarkeit und Kerbunempfindlichkeit sind Vorteile, die diese Stähle auch als zähharte Kaltarbeitsstähle Anwendung finden läßt.

Für einige thermisch besonders stark beanspruchte Werkzeuge wie z. B. Strangpreßmatrizen werden auch hochwarmfeste austenitische Stähle wie z. B. X 50 WNiCrVCo 12 12 verwendet. Sie besitzen gegenüber den vergüteten Warmarbeitsstählen eine höhere Rekristallisationstemperatur und bei Temperaturen über 600 °C eine bessere Warmfestigkeit. Glasformen, in denen die flüssige Glasschmelze erstarrt, werden vielfach aus hitze- und zunderbeständigen Stählen wie z. B. X 15 CrNiSi 25 20 gefertigt (vergl. Abschnitt 4.4.2).

4.3.3. Schnellarbeitsstähle

Die Schnellarbeitsstähle stellen in gewisser Weise eine Kombination von Härte und Verschleißbeständigkeit der ledeburitischen Kaltarbeitsstähle mit der guten Anlaßbeständigkeit von Warmarbeitsstählen dar. Das führt dazu, daß man mit Schnellarbeitsstählen, wie der Name schon sagt, schneller als mit anderen Werkzeugstählen arbeiten kann. Gemeint sind dabei Zerspanungswerkzeuge aus Schnellarbeitsstahl zum Drehen, Bohren, Fräsen usw. Während Kaltarbeitsstähle im allgemeinen eine geringe Anlaßbeständigkeit zeigen und beim Zerspanen aufgrund der entstehenden Wärme schon bald an Härte verlieren, behält der Schnellarbeitsstahl bis nahezu 600 °C eine gute Warmhärte und Schneidhaltigkeit und läßt deshalb höhere Schnittgeschwindigkeiten zu.

In Abschnitt 4.3.1 wurde bei den Kaltarbeitsstählen mit 12% Chrom der Begriff der Sekundärhärte durch Ausscheiden feinverteilter Sonderkarbide beim Anlassen erläutert. Diese Sekundärhärte ist beim Schnellarbeitsstahl besonders ausgeprägt. Hinzu kommt, daß in der Grundmasse eingelagert Ledeburitkarbide z. B. vom Typ M_6C und MC vorliegen, die noch härter sind als die M_7C_3-Karbide in den Chromstählen und etwas feiner ausgebildet (vergl. Bild XVII mit Bild XV, Anhang). Diese Kombination von Anlaßbeständigkeit der Grundmasse und eingelagerten besonders harten Ledeburitkarbiden geben dem Schnellarbeitsstahl die guten Schneideigenschaften. Im folgenden sei die Wirkung der einzelnen Legierungselemente in dieser Stahlgruppe kurz erläutert (Tafel 9).

Der Kohlenstoffgehalt bewegt sich bei diesen Stählen zwischen 0,75 und 1,5%. Er bestimmt im wesentlichen die Menge an Ledeburitkarbiden. Mit zunehmendem Karbidgehalt wird die Verschleißbeständigkeit erhöht und die Zähigkeit verringert.

Wolfram und Molybdän sind die wichtigsten Legierungselemente. Sie führen einmal in der Grundmasse durch die Sekundärhärtung, d. h. die Ausscheidung feinverteilter Wolfram- und Molybdänkarbide zur hohen Anlaßbeständigkeit und bilden andererseits die harten Ledeburitkarbide vom Typ M_6C. Wolfram und Molybdän sind im Verhältnis von etwa 2 : 1 weitgehend austauschbar. Dieser Umstand beruht darauf, daß die Elemente im Periodischen System untereinander stehen, sich also recht ähnlich sind und das Wolfram fast genau das doppelte Atomgewicht besitzt wie das Molybdän (siehe Tafel 1). Die Wirkung eines Legierungselementes ist aber abhängig von der Anzahl der vorhandenen Atome im Gitter. Bei gleicher Atomzahl von Wolfram und Molybdän sind die Wolframatome doppelt so schwer. Es gibt heute sowohl vorwiegend mit Wolfram als auch mit Molybdän legierte Schnellarbeitsstähle. Am meisten werden aber Schnellarbeitsstähle verwendet, in denen beide Elemente in beträchtlichem Gehalt vorhanden sind.

Chrom wird in Schnellarbeitsstählen in Gehalten von etwa 4% zulegiert. Es verbessert vor allem die Härtbarkeit der Schnellarbeitsstähle.

Vanadin findet in Gehalten bis zu 5% Verwendung. Es steigert ganz wesentlich die Leistung. Zu berücksichtigen ist jedoch, daß Vanadin weitgehend an den Kohlenstoff zu MC gebunden wird, so daß man mit steigendem Vanadingehalt auch den Kohlenstoffgehalt erhöhen muß. Das hat zu der Herstellung von Schnellarbeitsstählen mit mehr als 3% Vanadin und bis zu 1,5% Kohlenstoff geführt.

4. Stähle für bestimmte Anwendungsgebiete

Tafel 9. Gebräuchliche Schnellarbeitsstähle (siehe Stahl-Eisen-Werkstoffblatt 320 und Entwurf DIN 17350)

Stahlsorte Kurzname	Werk- stoff-Nr.	Chemische Zusammensetzung[1] Gew.-%						Erreichbare Härte nach dem Anlassen	Anwendungsbeispiele
		C	Co	Mo	V	W		HRC	
S 3-3-2	1.3333	0,99	—	2,65	2,35	2,85		62—64	Metallsägeblätter
S 6-5-2	1.3343	0,88	—	4,95	1,85	6,35		64—66	Räumnadeln, Spiralbohrer, Fräser, Reib-
SC 6-5-2	1.3342	1,00	—	4,95	1,85	6,35		65—67	ahlen, Gewindebohrer, Senker, Kreissägen und Umformwerkzeuge
S 6-5-3	1.3344	1,22	—	4,95	2,95	6,35		64—66	Gewindebohrer und Reibahlen
S 6-5-2-5	1.3243	0,92	4,75	4,95	1,85	6,35		64—66	
S 7-4-2-5	1.3246	1,10	5,00	3,80	1,80	6,85		66—68	Fräser, Spiralbohrer und Gewindebohrer
S 10-4-3-10	1.3207	1,28	10,5	3,75	3,25	10,25		65—67	Drehmeißel und Formstähle
S 12-1-4-5	1.3202	1,38	4,75	0,85	3,75	12,0		65—67	
S 18-1-2-5	1.3255	0,79	4,75	0,65	1,55	18,0		64—66	Dreh-, Hobelmeißel und Fräser

[1] Mittelwerte; % Cr ~ 4,2.

4.3. Werkzeugstähle

Eine weitere Steigerung der Leistung von Schnellarbeitsstählen wird durch Zusatz von Kobalt erzielt. Es erhöht die Härtetemperatur und verbessert die Anlaßbeständigkeit.

Gelegentlich werden dem Schnellarbeitsstahl auch geringe Mengen Stickstoff zugegeben, die die Sekundärhärte verbessern sollen. Darüber hinaus kann durch Schwefelzusatz die Zerspanbarkeit verbessert werden (siehe Abschnitt 3.2.2 „Schwefel").

Die Leistung der Schnellarbeitsstähle hängt jedoch nicht allein von der Legierung ab, auch die richtige Wärmebehandlung spielt eine Rolle. Um die größtmögliche Härte und Anlaßbeständigkeit zu erreichen, wird die Härtetemperatur so hoch gewählt, daß die nichtledeburitischen Sonderkarbide weitgehend in Lösung gehen. Das geschieht bei Temperaturen zwischen 1200 und 1300 °C, die von der Schmelztemperatur nicht weit entfernt sind.

Wird der richtig gehärtete Schnellarbeitsstahl auf 530—600 °C angelassen, so tritt eine ausgeprägte Sekundärhärte auf. Das ist auf zweierlei Umstände zurückzuführen. Einerseits setzt eine Ausscheidung von Sonderkarbiden ein, andererseits zerfällt der Restaustenit unter Umwandlung zu Martensit, der beim zweiten Anlassen ausgehärtet wird. Durch das Anlassen erhöht sich die Härte des Schnellstahles noch

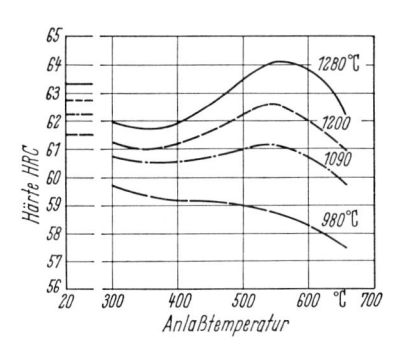

Bild 27. Anlaßschaubild eines Schnellarbeitsstahles nach Härtung von unterschiedlicher Temperatur

um etwa 2—3 HRC-Einheiten, aber nur dann, wenn die vorangegangene Härtung bei entsprechend hohen Temperaturen durchgeführt wurde. War die Härtetemperatur niedriger, dann läßt auch die härtesteigernde Wirkung des Anlassens nach, wie aus Bild 27 ersichtlich ist.

Wegen des hohen Preises der Schnelldrehstähle und zur Einsparung von Legierungsmetallen werden die Werkzeuge vielfach aus billigem

Siemens-Martin-Stahl angefertigt, und auf diese „Halter" wird dann die arbeitende Schneide aus Schnellarbeitsstahl in Form eines Plättchens aufgelötet.

4.4. Korrosionsbeständige Stähle

Nach DIN 50900 versteht man unter Korrosion die „Zerstörung von Werkstoff durch chemische oder elektrochemische Reaktion mit seiner Umgebung". Wir wollen diese knappe Definition des Begriffes Korrosion an einigen Beispielen erläutern, um daraus zu lernen, wie man die Stähle legieren muß, damit sie möglichst korrosionsbeständig werden.

Chemische Reaktion. Die häufigste Art der Korrosion bei Stahl ist das Rosten, d. h. der Angriff durch Sauerstoff und Feuchtigkeit. Der Sauerstoff der Luft vereinigt sich mit Eisen und Wasser zu einer chemischen Verbindung, dem Eisenoxydhydrat. Die zu dieser Verbindung notwendigen Eisenmengen entnimmt er der Oberfläche des angegriffenen Eisenstückes. Je länger dieser chemische Prozeß andauert, desto mehr Eisen wird verbraucht, desto weiter schreitet die Zerstörung fort. In ähnlicher Weise kann das Eisen auch durch andere Stoffe wie Säuren, Laugen und Salzlösungen angegriffen werden. Neben dieser Korrosion durch Flüssigkeiten ist der Angriff durch Gase wie Sauerstoff, Schwefeldioxyd, Wasserdampf u. a. bei erhöhten Temperaturen unter dem Begriff des Zunders bekannt. Bei den verschiedenen Arten der chemischen Reaktion mit der Umgebung versucht man durch Zugabe geeigneter Legierungselemente die Reaktionsprodukte in fest haftende Deckschichten umzuwandeln, die die korrodierende Umgebung von der Stahloberfläche fernhalten und eine weitere Zerstörung bremsen. In dieser Richtung wirkt z. B. Kupfer in den wetterfesten Baustählen (siehe Abschnitt 4.2.1). Sehr viel wirksamer ist Chrom. Da es unedler als Eisen ist, lagert sich der Sauerstoff der Umgebung bevorzugt an das Chrom und bildet eine nur ca. 1 nm dicke unsichtbare Schicht (Passivschicht), die den Stahl vor weiterem Angriff schützt. Um diese Wirkung zu erreichen, müssen mindestens 12% Chrom in der Stahlgrundmasse gelöst sein.

Elektrochemische Reaktion. Der chemische Angriff kann durch elektrochemische Vorgänge unterstützt werden. Jeder Stoff und vor allem jedes Metall hat sein besonderes elektrisches Potential. Man kann die Stoffe nach der Größe ihres elektrischen Potentials steigend ordnen und erhält damit die elektrochemische Spannungsreihe. Zwischen Stoffen verschiedenen Potentials besteht eine Potentialdifferenz d. h. ein Spannungsunterschied, der nach Ausgleich strebt. Der Spannungsunterschied zwischen zwei Stoffen ist um so größer, je weiter sie in der Spannungsreihe auseinander liegen. Mit steigendem Potential wird ein Metall edler und sein Bestreben, Elektronen abzugeben nimmt ab. Die Elektronen fließen vom unedleren zum edleren Metall. Dieses Prinzip wird im galvanischen Element praktisch ausgenutzt. In ein mit einer wässrigen Lösung (Elektrolyt) gefülltes Gefäß werden als Enden eines geschlossenen Leitungskreises zwei Platten (Elektroden) aus unterschiedlichen Metallen, also mit unterschiedlichem elektrischem Potential, so gehängt, daß sie einander nicht berühren. Aufgrund des Potentialunterschiedes wandern negative Elektronen von der unedleren Platte (Anode) durch den Draht zur edleren Platte (Kathode) und in gleicher Richtung positive Ionen in den Elektrolyt. Diese Ionen sind Atome des unedleren Metalls, deren Außenelektronen durch den Draht abgeflossen sind, d. h. das unedlere Metall löst sich im Elektrolyt auf. Eine Eisenplatte in wässriger Lösung würde lediglich rosten. Durch einen Draht mit einer Kupferplatte verbunden wird sie aber durch die elektrochemische Korrosion viel stärker angegriffen. Aus diesem Grunde sollte man Metalle unterschiedlicher Potentials nicht ohne weiteres verbinden, da bei Hinzutreten von Feuchtigkeit ein galvanisches Element gebildet wird und Kontaktkorrosion einsetzen kann.

Aber nicht nur zwischen unterschiedlichen Metallen kann es zum Stromfluß kommen, sondern auch bereits innerhalb einer Legierung zwischen Gefügebestandteilen mit kleinen Potentialunterschieden. Es fließen dann auf engstem Raum winzige Ströme, die zur Auflösung des unedleren Gefügebestandteiles in der feuchten Umgebung führen. Man spricht, da es sich um eine örtlich begrenzte kleine elektrische Batterie handelt, von einem Lokalelement. Um die Bildung von Lokalelementen zu vermeiden, soll das Gefüge möglichst nicht aus Phasen mit stark unterschiedlichem Potential bestehen, sondern weitgehend homogen sein. Aus diesem Grunde sind austenitische, ferritische oder martensitische Gefüge günstig.

Korrosionsarten. Die allgemeinste Korrosionsart ist der gleichmäßige Angriff der Oberfläche. Sie führt zu einer Oberflächenabtragung, die als Gewichtsverlust in g/m² h angegeben wird.

Die Passivschicht kann z. B. in Gegenwart von Chlorionen örtlich durchbrochen werden. Es bildet sich ein Lokalelement zwischen der Deckschicht, deren Potential edler ist und dem Eisen ohne Deckschicht, das in kurzer Zeit in Form eines tiefen Loches ausgefressen wird. Man bezeichnet diese Korrosionsart als Lochkorrosion oder Lochfraß (Bild XVIII, Anhang). Ein Molybdänzusatz wirkt sich zur Vermeidung günstig aus.

In engen feuchten Spalten ist der Sauerstoffzutritt zur Oberfläche u. U. so erschwert, daß die Passivschicht, die ja durch Sauerstoff gebildet wird, unterbrochen ist und ein Lokalelement zwischen Spalt und übriger Oberfläche entsteht (Spaltkorrosion). Dieser Korrosionsart kann man durch Vermeidung von engen Spalten bei der Konstruktion entgegentreten.

Kommt es bei austenitischen oder ferritischen Stählen durch Erwärmung zu Karbidausscheidungen auf den Korngrenzen, so verarmt das Gitter unmittelbar neben der Korngrenze an Chrom, weil dieses Element sich im Karbid anreichert. Die Chromverarmung kann soweit gehen, daß die Korrosionsbeständigkeit in dieser Zone nicht mehr ausreicht und der Stahl sehr rasch entlang den Korngrenzen zerstört wird (Bild XIX, Anhang). Diese interkristalline d. h. zwischen den Körnern hindurchgehende Korrosion kann vermieden werden durch sehr niedrige Kohlenstoffgehalte, festes Abbinden des Kohlenstoffs mit Titan bzw. Niob oder durch Ausgleich der Verarmung in einer Stabilglühung. Derartige Vorkehrungen sind besonders dann wichtig, wenn geschweißt wird, da sonst in den wärmebeeinflußten Zonen an der Schweißnaht dieser Kornzerfall auftritt (Bild XX, Anhang).

Bei Zugspannungen und gleichzeitigem Korrosionsangriff neigen die meisten Stähle zu örtlicher Auflösung unter Bildung von Kerben, die als Risse senkrecht zur Spannung meist durch die Körner (intrakristallin) vordringen. Die Spannungen können als Eigenspannungen von einer vorhergehenden Kaltverformung zurückgeblieben sein. In diesem Falle hilft ein Spannungsarmglühen, um die Spannungsrißkorrosion zu vermeiden.

4.4.1. Nichtrostende Stähle

Wir haben gesehen, daß wir für eine gute Korrosionsbeständigkeit ein möglichst homogenes Gefüge mit 12% Chrom brauchen. Durch Zugabe weiterer Legierungselemente außer Chrom kann man über die Rostbeständigkeit hinaus eine gezielte Verbesserung der Beständigkeit gegenüber bestimmten aggressiven Medien erreichen. Außer der Korrosionsbeständigkeit sollen die Stähle aber auch bestimmte Gebrauchseigenschaften wie Härte oder Zähigkeit aufweisen oder günstige Fertigungseigenschaften wie Umformbarkeit und Schweißbarkeit. Als Kompromiß aus all diesen verschiedenen Forderungen sind eine ganze

Reihe von korrosionsbeständigen Stählen entwickelt worden, von denen jeder bestimmte Vorzüge besitzt (Tafel 10). Sie finden Verwendung im Bauwesen z. B. zur Verkleidung von Gebäuden, im Haushalt für Töpfe, Spülbecken und dergleichen, im Fahrzeugbau bei Stoßstangen und Zierteilen sowie für die Außenhaut bestimmter Eisenbahnwagen, in der Lebensmittelindustrie und vor allem in der chemischen Industrie für Behälter, Rohrleitungen und Reaktionsgefäße.

Chromstähle. Die Eigenschaften der Chromstähle richten sich vorwiegend nach dem Kohlenstoffgehalt. Der Chromgehalt liegt zwischen 12 und 18%. Mit steigendem Chromgehalt nimmt die Beständigkeit gegenüber oxydierenden Angriffsmitteln wie z. B. Salpetersäure zu.

Unter 0,08% Kohlenstoff spricht man von ferritischen Stählen, unter 0,02% von Superferriten. Sie zeigen praktisch keine Umwandlung und müssen deshalb mit möglichst niedrigen Walz- oder Schmiedeendtemperaturen verformt werden, da ein Grobkorn nicht durch Normalglühen rückgefeint werden kann. Zur Vermeidung von interkristalliner Korrosion können die geringen Mengen an Kohlenstoff durch Titan oder Niob abgebunden werden. Die ferritischen Chromstähle kommen im geglühten Zustand zum Einsatz. Beispiel: X 8 Cr 17.

Bei etwa 0,1% Kohlenstoff ist ungefähr die Hälfte des Gefüges umwandlungsfähig. Diese Stähle werden als halbferritische Chromstähle bezeichnet. Da ein Teil des Gefüges härtbar ist, werden sie entweder geglüht oder bei höheren Anforderungen an die Festigkeit im vergüteten Zustand verwendet. Beispiel: X 10 Cr 13.

Über 0,15% Kohlenstoff und bei Zusatz von Nickel ab 0,1% Kohlenstoff ist das ganze Gefüge härtbar. Im geglühten Zustand wäre zu viel Chrom in Karbiden an Kohlenstoff gebunden und nicht in der Grundmasse gelöst, so daß eine unzureichende Korrosionsbeständigkeit auftreten könnte. Diese Stähle werden deshalb im vergüteten Zustand benutzt, der auch höhere Festigkeiten mit sich bringt. Da ein Teil des Chroms in den beim Anlassen ausgeschiedenen Karbiden gebunden ist, fällt die Korrosionsbeständigkeit der vergüteten Chromstähle etwas geringer aus als für den nur gehärteten Zustand, der aber eben mit entsprechend geringer Zähigkeit verbunden ist. Beispiel: X 20 Cr 13.

Ab 0,3% Kohlenstoff scheiden sich bei höheren Anlaßtemperaturen zuviel Karbide aus, die der Grundmasse Chrom entziehen und die Passivierung gefährden. Diese martensitischen Chromstähle werden deshalb nur bis zu höchstens 400 °C angelassen und im harten Zustand z. B. für rostfreie Messer eingesetzt. Beispiel: X 40 Cr 13.

Tafel 10. Gebräuchliche nichtrostende Stähle (nach DIN 17440, Guß siehe 17445)

Stahlsorte Kurzname	Werkstoffnummer	Chemische Zusammensetzung Gew.-%[1]					WB[3]	Streck- oder 0,2-Grenze N/mm² mindestens	Bruchdehnung %[2] mindestens
		C	Cr	Mo	Ni	Sonstiges			
Ferritische und martensitische Stähle									
X 7 Cr 13	1.4000	≦0,08	12,0—14,0	—	—	—	V	400	18
X 7 CrAl 13	1.4002	≦0,08	12,0—14,0	—	—	Al 0,10—0,30	V	400	18
X 10 Cr 13	1.4006	0,08—0,12	12,0—14,0	—	—	—	V	450	18
X 15 Cr 13	1.4024	0,12—0,17	12,0—14,0	—	—	—	V	450	18
X 20 Cr 13	1.4021	0,17—0,22	12,0—14,0	—	—	—	V	550	15
X 40 Cr 13	1.4034	0,40—0,50	12,0—14,0	—	—	—	G	≦225	—
X 45 CrMoV 15	1.4116	0,42—0,48	13,8—15,0	0,45—0,60	—	V 0,10—0,15	G	≦260	—
X 8 Cr 17	1.4016	≦0,10	15,5—17,5	—	—	—	G	270	20
X-8 CrTi 17	1.4510	≦0,10	16,0—18,0	—	—	Ti ≧ 7×% C	G	270	20
X 8 CrNb 17	1.4511	≦0,10	16,0—18,0	—	—	Nb ≧12×% C	G	270	20
X 6 CrMo 17	1.4113	≦0,07	16,0—18,0	0,9—1,2	—	—	G	270	20
X 12 CrMoS 17	1.4104	0,10—0,17	15,5—17,5	0,2—0,3	—	S 0,15—0,35	V	450	12
X 22 CrNi 17	1.4057	0,15—0,23	16,0—18,0	—	1,5—2,5	—	V	600	14
Austenitische Stähle									
X 12 CrNiS 18 8	1.4305	≦0,15	17,0—19,0	—	8,0—10,0	S 0,15—0,35		215	50
X 5 CrNi 18 9	1.4301	≦0,07	17,0—20,0	—	8,5—10,0	—		185	50
X 5 CrNi 19 11	1.4303	≦0,07	17,0—20,0	—	10,5—12,0	—		185	50
X 2 CrNi 18 9	1.4306	≦0,03	17,0—20,0	—	10,0—12,5	—	A	175	50
X 10 CrNiTi 18 9	1.4541	≦0,10	17,0—19,0	—	9,0—11,5	Ti ≧5×% C		205	40
X 10 CrNiNb 18 9	1.4550	≦0,10	17,0—19,0	—	9,0—11,5	Nb≧8×% C		205	40

4.4. Korrosionsbeständige Stähle

		C	Cr	Mo	Ni		$R_{p0,2}$	A	
X 5 CrNiMo 18 10	1.4401	≤ 0,07	16,5—18,5	2,0—2,5	10,5—13,5	—	205	45	
X 2 CrNiMo 18 10	1.4404	≤ 0,03	16,5—18,5	2,0—2,5	11,0—14,0	—	195	45	
X 10 CrNiMoTi 18 10	1.4571	≤ 0,10	16,5—18,5	2,0—2,5	10,5—13,5	Ti: ≥ 5×%C	225	40	A
X 10 CrNiMoNb 18 10	1.4580	≤ 0,10	16,5—18,5	2,0—2,5	10,5—13,5	Nb ≥ 8×%C	225	40	
X 5 CrNiMo 18 12	1.4436	≤ 0,07	16,5—18,5	2,5—3,0	11,5—14,0	—	205	45	
X 2 CrNiMo 18 12	1.4435	≤ 0,03	16,5—18,5	2,5—3,0	12,5—15,0	—	195	45	A
X 2 CrNiMo 18 16	1.4438	≤ 0,03	17,0—19,0	3,0—4,0	15,0—17,0	—	195	45	
X 2 CrNiN 18 10	1.4311	≤ 0,03	17,0—19,0	—	9,0—11,5	N 0,12—0,20	270	40	
X 2 CrNiMoN 18 12	1.4406	≤ 0,03	16,5—18,5	2,0—2,5	10,5—13,5	N 0,12—0,20	280	40	A
X 2 CrNiMoN 18 13	1.4429	≤ 0,03	16,5—18,5	2,5—3,0	12,0—14,5	N 0,14—0,22	300	40	

[1] Soweit nicht anders angegeben %S ≤ 0,030; %P ≤ 0,045; %Si ≤ 1,0; %Mn ≤ 2,0 (für austenitische Cr-Ni-Stähle ≤ 2,0). Ein Teil des Niobs kann durch die doppelte Menge Tantal ersetzt werden.
[2] Mindestwerte für Bleche bis 5 mm Dicke in Längsrichtung.
[3] Wärmebehandlungszustand V = vergütet, G = geglüht, A = abgeschreckt.

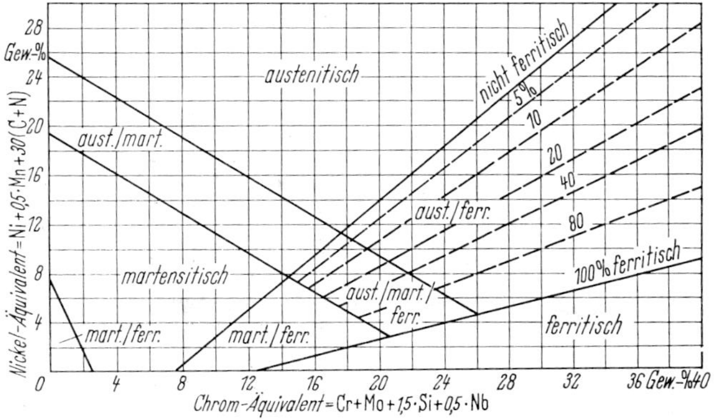

Bild 28. Gefüge von Chrom-Nickel-Stählen (für Schweißgut nach der Abkühlung, aufgestellt von A. L. Schaeffler)

Wird der Kohlenstoffgehalt über 0,6% gesteigert, so bleiben nach dem Härten beträchtliche Anteile an verschleißbeständigen Karbiden zurück. Der Chromgehalt muß auf etwa 17% angehoben werden. Diese Stähle eignen sich für rostbeständige Werkzeuge und Verschleißteile z. B. in der Lebensmittelindustrie. Beispiel: X 90 CrMoV 18.

Chrom-Nickel-Stähle. Während Chrom allein das Austenitgebiet abschnürt, wirkt es gemeinsam mit Nickel austenitstabilisierend. So besitzt z. B. ein Stahl mit 18% Chrom, 8% Nickel und 0,1% Kohlenstoff nach einem Lösungsglühen bei 1050—1100 °C mit anschließendem Abschrecken in Wasser ein austenitisches Gefüge (Beispiel: X 12 CrNi 18 8, Bild XXI, Anhang). Im Schaeffler-Diagramm (Bild 28) ist der Gefügezustand in Abhängigkeit vom Legierungsgehalt der Ferrit- und der Austenidbildner (vergl. Abschnitt 3.2.1) abzulesen. Aufgrund des sehr homogenen Austenitgefüges und des hohen Chromgehaltes weisen die austenitischen Chrom-Nickel-Stähle eine bessere Korrosionsbeständigkeit auf als die meisten Chromstähle. Die gute Zähigkeit bei der Kaltumformung und die Schweißbarkeit sind weitere Vorteile.

Molybdän erweitert den Passivbereich und verbessert die Beständigkeit gegen Lochfraß (Beispiel: X 5 CrNiMo 18 10). In nichtoxydierender Umgebung wie z. B. in Schwefelsäure ist die Bildung der schützenden Passivschicht oft nicht möglich. Kupferzusätze führen in diesen Fällen zur Abscheidung eines Kupferfilms während der anfänglichen Korrosion. Das edlere Kupfer bremst dann den weiteren Angriff (Beispiel: X 5 CrNiMoCuNb 18 18). Nickel erhöht die Austenitstabilität. Nach dem Schaeffler-Diagramm erfordern z. B. kleinere Kohlenstoffgehalte oder Molybdänzusätze entsprechend höhere Nickelgehalte, damit ein Austenitgefüge erreicht wird. Nickel kann durch die doppelte Menge Mangan ersetzt werden (Beispiel: X 8 CrMnNi 18 9). Mit Mangan wird aber nicht die Korrosionsbeständigkeit der Chrom-Nickel-Stähle erreicht. Durch Verringerung des Chrom- und Nickelgehaltes wird der Austenit so instabil, daß er schon durch Kaltverformung zu einem geringen Teil umwandelt und durch Martensitbildung in den Gleitlinien stark verfestigt (Beispiel: X 12 CrNi 17 7). Aus diesem Stahl können z. B. kaltgeformte Federn hergestellt werden (siehe DIN 17224). Zur Vermeidung von interkristalliner Korrosion, insbesondere nach dem Schweißen, wird entweder der Kohlenstoffgehalt besonders niedrig gehalten (Beispiel: X 2 CrNi 18 9) oder an Titan (Beispiel: X 10 CrNiTi 18 9) bzw. Niob (Beispiel: X 10 CrNiNb 18 9) in Form von sehr stabilen Karbiden fest gebunden und der Grundmasse entzogen. Der besonders geringe Kohlenstoffgehalt bringt eine niedrige

$\sigma_{0,2}$-Grenze mit sich, die durch Zugabe von 0,15% Stickstoff verbessert werden kann (Beispiel: X 2 CrNiN 18 12). Die titan- oder niobstabilisierten Stähle sind aufgrund von nichtmetallischen Einschlüssen nicht hochglanzpolierbar.

Um in Chrom-Nickel-Stählen höhere Festigkeiten zu erreichen, kann der Legierungsgehalt so abgestimmt werden, daß nach einer Zwischenglühbehandlung das Austenitgefüge martensitisch umwandelt. Aus dem fehlstellenreichen Martensit lassen sich dann besonders feinverteilte Verbindungen von Kupfer oder Aluminium ausscheiden, die zu Festigkeitssteigerungen bis 150 kp/mm² führen (Beispiel: X 7 CrNi Al 17 7 oder X 4 CrNiCu 17 4).

Sind austenitische Stähle mit anderen Stählen in Bauteilen verbunden, so muß bei Erwärmung berücksichtigt werden, daß austenitische Stähle mit etwa $18 \cdot 10^{-6}$ cm/cm°C einen um die Hälfte größeren Ausdehnungskoeffizienten besitzen als ferritische, perlitische und martensitische Stähle, deren Ausdehnungskoeffizient bei etwa $12 \cdot 10^{-6}$ liegt.

Eine möglichst glatte Oberfläche wirkt sich bei allen korrosionsbeständigen Stählen günstig aus. Auch sollte die Oberfläche zunderfrei und sauber sein, um die Bildung von Lokalelementen zu vermeiden. In Frage kommen der polierte, geschliffene oder bei den austenitischen Stählen auch der blankgebeizte Zustand.

4.4.2. Hitze- und zunderbeständige Stähle

Oberhalb etwa 550 °C verzundert Eisen spürbar, d. h. es bilden sich zwischen Eisen und dem Sauerstoff der Luft Eisenoxyde, die sich als ständig weiterwachsende Schicht auf der Oberfläche ablagern. In Wärmebehandlungsöfen der Metallindustrie, Brennöfen der Zement- und Porzellanfertigung, in Anlagen der Erdölverarbeitung usw. unterliegen Bauteile Temperaturen bis über 1200 °C (Hochtemperaturkorrosion). Durch Zugabe von Chrom, Silizium und Aluminium wird eine feste Haftung und erhöhte Dichtigkeit der Zunderschicht erreicht und die Zundergeschwindigkeit verringert (Bild 29). Die im vorigen Abschnitt beschriebenen chemisch beständigen Chromstähle besitzen also auch eine erhöhte Zunderbeständigkeit, die z. B. durch 1% Aluminium (Beispiel: X 10 CrAl 13) verbessert wird, so daß dieser Stahl bis 850 °C Betriebstemperatur eingesetzt werden kann. Eine Verdoppelung des Chromgehaltes (X 10 CrAl 24) erweitert den Anwendungsbereich bis 1150 °C (Tafel 11). Auch die chemisch beständigen austenitischen Chrom-Nickel-Stähle zeigen aufgrund des höheren

4. Stähle für bestimmte Anwendungsgebiete

Tafel 11. Gebräuchliche hitze- und zunderbeständige Stähle (nach Stahl-Eisen-Werkstoffblatt 470)

Stahlsorte		Chemische Zusammensetzung [1] Gew.-%					Zundergrenztemp. in Luft °C
Kurzname	Werkstoff-Nr.	C	Si	Al	Cr	Ni	
X 10 CrAl 7	1.4713	≦ 0,12	0,75	0,75	7		800
X 7 CrTi 12	1.4720	≦ 0,08	≦ 1,0	—	12		800
X 10 CrAl 13	1.4724	≦ 0,12	1,05	0,95	13		850
X 10 CrAl 18	1.4742	≦ 0,12	1,05	0,95	18		1000
X 10 CrAl 24	1.4762	≦ 0,12	1,05	1,45	24		1150
X 20 CrNiSi 25 4	1.4821	0,15	1,15		25	4,5	1100
X 12 CrNiTi 18 9	1.4878	≦ 0,12	≦ 1,0		18	10	850
X 15 CrNiSi 20 12	1.4828	≦ 0,20	2,0		20	12	1000
X 7 CrNi 23 14	1.4833	≦ 0,08	≦ 1,0		22	14	1000
X 12 CrNi 25 21	1.4845	≦ 0,15	≦ 0,75		25	21	1050
X 15 CrNiSi 25 20	1.4841	≦ 0,20	2,0		25	20	1150
X 12 NiCrSi 36 16	1.4864	≦ 0,15	1,5		16	36	1100
X 10 NiCrAlTi 32 20	1.4876	≦ 0,12	≦ 1,0	0,40	21	32	1100

[1] Soweit nicht anders angegeben Mittelwerte.

Chromgehaltes eine gute Zunderbeständigkeit und darüber hinaus ein besseres Zeitstandverhalten (siehe Abschnitt 5.3). Als Beispiel sei der Stahl X 15 CrNiSi 25 20 genannt. In Gegenwart von Schwefel, der in den meisten natürlichen Brennstoffen vorkommt, kann sich bei Sauerstoffmangel ein schon bei 645 °C schmelzendes Nickelsulfid bilden, so daß sich in diesem Falle die nickelfreien Stähle besser eignen. In Gegenwart von kohlenstoffabgebenden Gasen werden dagegen die austenitischen Chrom-Nickel-Stähle bevorzugt, obwohl sie mehr Kohlenstoff lösen als die ferritischen Stähle. Auch bei stickstoffabgebenden Gasen wie z. B. Ammoniak sind die nickelhaltigen Stähle von Vorteil, da die Stickstoffaufnahme mit steigendem Nickelgehalt zurückgeht. Kohlenstoff bindet das Chrom und Stickstoff das Chrom und Aluminium ab, so daß sie zur Bildung der schützenden Zunderschicht fehlen.

Die ferritischen Chromstähle mit mehr als 13% Chrom zeigen im unteren Temperaturbereich eine Versprödung. Diese 475 °C-Versprödung wird durch Erwärmen auf über 600 °C wieder rückgängig gemacht. Bei Chromgehalten über 20% kann sich im Temperaturbereich

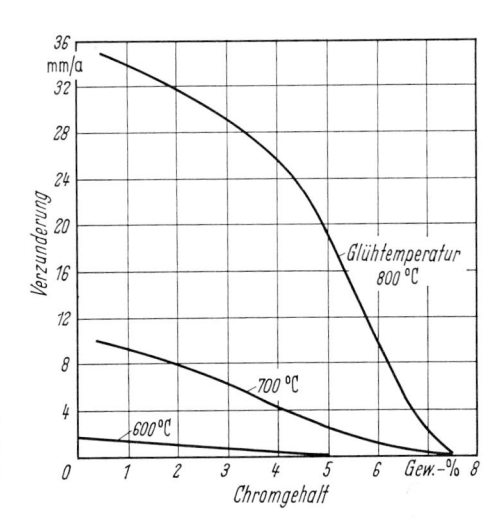

Bild 29. Einfluß des Chroms auf die Zunderbeständigkeit an Luft von Stählen mit 0,15% C

zwischen 600 und 850 °C die versprödende Eisen-Chrom-Verbindung FeCr, die sogenannte Sigma-Phase, ausscheiden und bei den austenitischen Stählen außerdem noch Karbid. Eine Verwendung der für höhere Temperaturen geeigneten Stähle in diesem versprödenden Temperaturbereich sollte deshalb vermieden werden.

4.5. Warmfeste und hochwarmfeste Stähle

Das besondere Kennzeichen der warmfesten Stähle ist ihre Eigenschaft, neben ausreichender Korrosionsbeständigkeit, insbesondere gegen abtragende Korrosion durch Zundern, in der Wärme hohe Festigkeitseigenschaften aufzuweisen. Die Fortschritte auf dem Gebiet der Dampfkesselanlagen sowie Verfahren der chemischen Hochdrucksynthese sind eng verbunden mit der Entwicklung geeigneter Werkstoffe. Die warmfesten Stähle gewinnen heute immer größere Bedeutung, und die Anforderungen, die an sie gestellt werden, wechseln ständig durch das Streben der Konstrukteure, Anlagen mit noch weiter gesteigerten

Temperaturen und Drücken zu erstellen. Je nach Art der Beanspruchung hat einmal die Warmfestigkeit den Vorrang gegenüber guter Korrosions- und Zunderbeständigkeit, zum anderen kann die Widerstandsfähigkeit gegenüber flüssigen chemischen Produkten oder z. B. gegenüber dem Angriff von Wasserstoff unter hohem Druck größere Bedeutung als die Forderung nach guter Warmfestigkeit gewinnen. Die heute gebräuchlichen warmfesten und hochwarmfesten Stähle sind in erster Linie unter dem Gesichtspunkt der Gebrauchstemperatur, aber auch in Ausrichtung auf die verschiedenartigen Anwendungsgebiete, in drei Gruppen unterteilt (Tafel 12).

Die Verhältnisse, denen Werkstoffe bei hoher Temperatur unterliegen, erfordern ein Umdenken unserer üblichen Vorstellung über Festigkeit, Härte und Zähigkeitseigenschaften eines Stahles. Warmfestigkeit, Warmhärte und Zähigkeitseigenschaften sind bei erhöhten Temperaturen zeitabhängige Größen, die während der Betriebsbeanspruchung laufend Veränderungen erfahren. Man hat hierfür den Begriff „Zeitstandverhalten" geprägt und Kenngrößen wie Zeitdehngrenze, Zeitbruchdehnung geschaffen, die in Abschnitt 5.3. näher behandelt werden. Diese Begriffsbezeichnungen sagen bereits etwas über die Vorgänge aus, denen Stähle bei Temperaturbeanspruchung unterliegen. Während bei Raumtemperatur im Belastungsfall unterhalb der Streckgrenze praktisch mit keiner bleibenden Verformung und auch bei langzeitiger Beanspruchung mit keinem Bruch zu rechnen ist, ergeben sich bei höheren Temperaturen neben dem grundsätzlichen Abfall der Festigkeit und Streckgrenze oberhalb 350 °C zusätzlich zeitabhängige Fließ- bzw. Kriechvorgänge des Werkstoffes, die auch bei Belastung unterhalb der im kurzzeitigen Warmzugversuch ermittelten Werte in der Langzeitbeanspruchung zu Bruch führen können. Unter diesem Gesichtspunkt des andersgearteten Festigkeitsverhaltens in der Wärme wurden für die vielseitigen Anwendungsgebiete in Kenntnis der Wirkung der verschiedenen Legierungselemente Stähle entwickelt, die diesen zeitabhängigen Kriech- und Dehnvorgängen des Werkstoffes einen besonderen Widerstand entgegensetzen.

4.5.1. Warmfeste Vergütungsstähle

Für Temperaturen unter 500 °C werden zum Teil unlegierte Stähle eingesetzt. Als Legierungselement verbessert Mo am stärksten die Warmfestigkeit gegenüber unlegiertem Stahl, gefolgt von Vanadin und Wolfram sowie Titan und Niob, also durchweg Elementen, die sich mit dem Kohlenstoff zu Karbid verbinden. Im Gegensatz hierzu vermögen

4.5. Warmfeste und hochwarmfeste Stähle

Tafel 12. Gebräuchliche warmfeste und hochwarmfeste Stähle (nach DIN 17240 und Stahl-Eisen-Werkstoffblatt 670)

Stahlsorte Kurzname	Werkstoff-Nr.	Chemische Zusammensetzung Gew.-% [1]						Zustand	Zeitstandfestigk. [2] Temp. °C	für 10000 h	für 100000 h	max. Verwend. Temp. °C
		C	Cr	Mo	Ni	V	Sonstige					
Ck 35	1.1181	0,35	<0,50					vergütet	450 500	98 53	69 33	500
Ck 45	1.1191	0,45							500	177	118	
24 CrMo 5	1.7258	0,25	1,05	0,25				vergütet	550	78	36	530
24 CrMoV 55	1.7733	0,25	1,35	0,55	≦0,60	0,2		vergütet	500 550	257 138	184 74	550
21 CrMoV 5 11	1.8070	0,21	1,35	1,1	≦0,60	0,3		vergütet	500 550	303 156	212 92	550
X 19 CrMoV 12 1	1.4921	0,19	12	1,0	≦0,80			vergütet	550 600	177 83	118 46	600
X 20 CrMoV 12 1	1.4922	0,20	12	1,0	0,55	0,3		vergütet	550 600	191 103	127 59	600
X 22 CrMoV 12 1	1.4923	0,23	12	1,0	0,55	0,3		vergütet	550 600	211 103	137 59	600
X 8 CrNiNb 16 13	1.4961	0,07	16	—	13			abgeschreckt	600 650	157 103	108 64	800
X 8 CrNiMoNb 16 16	1.4981	0,07	16,5	1,8	16,5			abgeschreckt	600 650	226 137	152 83	800
X 6 Cr NiWNb 16 16	1.4945	0,07	16,5	—	16,5		0,1 N 3,0 W	abgeschreckt	600 650	235 147	157 88	800
X 8 CrNiMoBNb 16 16	1.4986	0,07	16,5	1,8	16,5		0,08 B	warm-kalt verformt	600 650	343 245	275 157	650
X 8 CrNiMoVNb 16 13	1.4988	0,07	16,5	1,3	13,5	0,7	0,1 N	abgeschreckt	600 650	245 157	172 98	650

[1] Mittelwerte, die austenitischen CrNi-Stähle enthalten % (Nb + Ta) > 10 · % C, jedoch höchstens 1,2%.
[2] Mittelwerte, Einzelwerte können bis zu rund 20% tiefer liegen. Die Zeitstandfestigkeit ist die Spannung in N/mm², die bei der angegebenen Temperatur nach 10 000 h bzw. 100 000 h zum Bruch führt (siehe Abschnitt 5.3).

Zusätze an Chrom, Nickel und Mangan das Kriechverhalten bei diesen Stählen nur in begrenztem Ausmaß zu beeinflussen. Die in Tafel 12 in der ersten Gruppe aufgeführten legierten Stähle sind daher niedriglegierte Chrom-Molybdän- oder Chrom-Molybdän-Vanadin-Stähle, die durch eine entsprechende Wärmebehandlung auf bestimmte Festigkeitseigenschaften vergütet werden können. Die Höhe der erreichbaren Vergütefestigkeit ist in erster Linie abhängig von dem Kohlenstoffgehalt, während die erwünschte Arbeitsfestigkeit eine Frage des Anwendungsgebietes ist. Darüber hinaus kommt der Wärmebehandlung, mit der diese Vergütung durchgeführt wird, eine besondere Bedeutung zu. Bereits in Abschnitt 3.1.3, wo wir uns mit der Frage der Ausscheidungshärtung befaßt haben, ist darauf hingewiesen worden, daß bestimmte Legierungselemente bei höheren Temperaturen im festen Zustand eine größere Löslichkeit aufweisen als bei Raumtemperatur. Von dieser Eigenart wird gerade bei den warmfesten Stählen häufig Gebrauch gemacht, indem man den Stahl bei möglichst hohen Temperaturen härtet und anschließend die in Lösung gebrachten Sonderkarbide z. B. des Molybdän oder Vanadin durch eine Anlaßbehandlung auf den Korngrenzen und Gleitebenen wieder ausscheidet. Damit erreicht man eine Behinderung der Gleit- und Fließvorgänge bei der Belastung in der Wärme und erhöht so den Kriechwiderstand meist viel dauerhafter, als dies durch hohe Vergütefestigkeiten erreicht werden kann.

Ausscheidungsvorgänge, wie sie durch die Art der Wärmebehandlung in gewünschter Form ablaufen, sind natürlich auch bei der Betriebsbeanspruchung unter Temperatur, jedoch unterschiedlich in Teilchengröße und Verteilungsgrad der ausgeschiedenen Bestandteile, zu erwarten. Die Höhe der Vergütefestigkeit hat auf die Geschwindigkeit derartiger Ausscheidungsvorgänge einen nicht unerheblichen Einfluß. Man weiß, daß vergütbare warmfeste Stähle mit hohen Vergütefestigkeiten eine größere Versprödungsneigung und höhere Kerbempfindlichkeit bei Zeit- und Temperaturbeanspruchungen aufweisen. Die in den Korngrenzen und Gleitebenen ausgeschiedenen Karbide, in gleicher Weise aber auch Nitride oder intermetallische Verbindungen, die durch ihre Sperrwirkung den Kriechwiderstand des Stahles erhöhen, haben auf der anderen Seite die weniger schöne Eigenschaft, die Zähigkeitseigenschaften zu verschlechtern und die Kerbempfindlichkeit zu erhöhen.

Von seiten der Legierungszusammensetzung und der Art der Wärmebehandlung her wird man in Ausrichtung auf das Anwendungsgebiet wohl immer eine Kompromißlösung zwischen hohen Warmfestigkeitseigenschaften und möglichst geringer Versprödungsneigung suchen müssen. Bei Bolzen, Schrauben und Muttern sowie bei Rotoren, Läufern, Scheiben und Schaufeln von Dampf- und Gasturbinen wird man meist aus konstruktiven Gründen auf hohe Arbeitsfestigkeiten, insbesondere hohe Streckgrenzenwerte, nicht verzichten können. Man wird bei diesen Bauteilen auch nur eine sehr geringe zulässige bleibende Verformung bei der Berechnung zugrunde legen und dadurch schlechtere Zähigkeitseigenschaften zwangsläufig in Kauf nehmen. Anders verhält sich dies bei Stählen, die für Überhitzer, Heißdampf- und Erdöldestillierrohre Verwendung finden. Hier soll durch möglichst niedrige Vergütefestigkeiten eine geringe Versprödungsneigung und gute Verformungsfähigkeit bei der Betriebsbeanspruchung gewährleistet sein. Die zur Erzielung dieser niedrigen Vergütefestigkeit notwendigen hohen Anlaßtemperaturen liegen meist 100–150 °C über den Betriebstemperaturen. Die Ausscheidungsvorgänge, die mit steigender Temperatur schneller ablaufen, sind damit weitgehend bereits bei der Anlaßbehandlung erfolgt, so daß im Betrieb nur noch mit geringen Gefügeveränderungen zu rechnen ist.

4.5.2. Hochwarmfeste Chromstähle

Im vorausgehenden Abschnitt 4.4.2 haben wir gesehen, daß niedriglegierte Stähle mit steigender Temperatur, insbesondere oberhalb 550 °C, sehr schnell durch Verzunderung zerstört werden. Durch Erhöhung des Chromgehaltes auf 12% wird nun die Widerstandsfähigkeit gegen Oxydation bis zu sehr viel höheren Temperaturen heraufgesetzt. Die warmfesten Stähle der zweiten Gruppen haben alle Chromgehalte von 12% und sind daher als ausreichend zunder- und rostbeständig auch für Temperaturen oberhalb 550 °C anzusprechen. Sie zählen auch noch zu den vergütbaren Stählen und sind durch Zusätze von Molybdän oder Vanadin in besonderer Ausrichtung auf gute Warmfestigkeitseigenschaften legiert. Von seiten ihrer zum Teil sehr hohen Warmfestigkeitseigenschaften im Temperaturgebiet von 550 °C ist eine Grenze der Gebrauchstemperatur bei etwa 600 °C gegeben. Oberhalb dieser Temperatur sind es die Vorgänge der Kristallerholung und beginnenden Rekristallisation, die den Kriechwiderstand so stark erniedrigen, daß ihre Verwendung damit in Frage gestellt ist. Wegen ihres zusätzlichen günstigen Verhaltens gegen Zunder- und Korrosionsangriff haben die Chromstähle hauptsächlich im Dampf- und Gasturbinenbau Verwendung gefunden. Aber auch die chemische Industrie bedient sich ihrer bei Produktionsanlagen, die neben guten Warm- und

Raumtemperatureigenschaften auch noch ausreichende chemische Beständigkeit erfordern.

4.5.3. Hochwarmfeste austenitische Stähle

Bei Steigerung der Gebrauchstemperaturen über 600 °C können schließlich nur noch Stähle mit austenitischer Gefügestruktur Verwendung finden, wie wir sie bereits von den korrosionsbeständigen Stählen kennen. Der besondere Vorteil austenitischer Stähle bei Hochtemperaturbeanspruchung liegt in der Eigenart des flächenzentrierten γ-Mischkristalls, dessen Erholungs- und Rekristallisationstemperaturen höher als die des raumzentrierten α-Mischkristalls liegen. Austenitische Stähle setzen somit von Haus aus bei Temperaturen oberhalb 600 °C Fließ- und Kriechvorgängen einen sehr viel größeren Widerstand entgegen. Die mit einer Belastung verbundene Verfestigung bleibt auch bei Temperaturen über 600 °C noch über lange Zeiten erhalten. Man ist daher auch bestrebt, von der Legierungsseite her ein möglichst „stabiles" austenitisches Gefüge bei Raumtemperatur zu erhalten, was bei den korrosionsbeständigen Stählen mit 18% Chrom und 8% Nickel nicht immer gegeben ist, da sie z. B. nach Kaltbearbeitung durch Ziehen oder Hämmern teilweise martensitisch werden können. Die austenitischen hochwarmfesten Stähle sind daher mit höheren Anteilen an Nickel legiert, da Nickel ja das Beständigkeitsgebiet des Austenits beträchtlich erweitert. Die Legierungsbasis hochwarmfester austenitischer Stähle ist meist durch Nickelgehalte von 13—16% gekennzeichnet. Durch Zulegieren von Karbidbildnern wie Molybdän, Wolfram, Vanadin oder auch Titan und Niob werden Verwendungstemperaturen bis 800 °C im Dauerbetrieb möglich. Bei noch höheren Betriebstemperaturen kommen Legierungen auf Kobalt- oder Nickelbasis zur Anwendung.

Diese hochwarmfesten Stähle und Sonderlegierungen finden heute vielseitige Verwendung bei Höchstdruck- und Heißdampfkesselanlagen und deren Turbinen sowie für Gasturbinen bis zu Spitzentemperaturen von über 900 °C. Ihre Wärmebehandlung besteht zumeist in einem Ablöschen von hohen Temperaturen, bei dem alle karbidbildenden und zusätzlichen Legierungselemente in dem Mischkristall gelöst werden und einer daran anschließenden Warmauslagerung meist im Temperaturgebiet von 700 – 800 °C. Die aus der übersättigten Lösung ausgeschiedenen Bestandteile, seien es nun Karbide, Nitride oder intermetallische Verbindungen, rufen wieder die bereits bekannte Sperrwirkung an Korngrenzen und Gleitebenen der Kristalle hervor und erhöhen damit den Kriechwiderstand. Ein wesentlicher Teil dieser zusätzlichen Legierungselemente verbleibt aber auch noch in Lösung und bewirkt durch die Vielzahl der eingelagerten Fremdatome in dem austenitischen Mischkristallgitter eine direkte Verbesserung der Warmfestigkeit des Austenitkristalls, da hierdurch Kristallerholungs- und Rekristallisationsvorgänge erschwert werden.

Eine abschließende Betrachtung der in Tafel 12 angegebenen Werkstoffkennwerte zeigt, wie mit zunehmendem Legierungsgehalt eine bestimmte Zeitstandfestigkeit noch bei erheblich gesteigerter Temperatur erreicht wird. Die austenitischen Stähle sind zwar bei Raumtemperatur weniger fest als die vergüteten Stähle, besitzen aber über 600 °C eine höhere Festigkeit. Der Einfluß der Belastungsdauer wird in einem Vergleich der 10 000 h- mit den 100 000 h-Werten deutlich.

4.6. Stähle mit besonderen physikalischen Eigenschaften

Für einige Zweige der Technik sind Stähle mit besonderer Wärmeausdehnung oder bestimmten magnetischen Eigenschaften von Interesse.

4.6.1. Stähle mit besonderer Wärmeausdehnung

In reinen Eisen-Nickel-Legierungen schwankt der Wärmeausdehnungskoeffizient in weiten Grenzen (Bild 30). Bei 36% Nickel ist er im Bereich von Raumtemperatur bis etwa 150 °C nahezu null, dagegen zwischen 15 und 20% Nickel besonders hoch. Walzt man diese Legierungen mit unterschiedlicher Wärmeausdehnung gemeinsam aus, so daß sie miteinander verschweißen (Walzplattieren), so erhält man Bimetallstreifen, die sich bei Temperaturänderung krümmen. Diese Thermobimetalle nach DIN 1715 finden zur Temperaturmessung und -steuerung Verwendung.

Werden Stähle mit Glas oder Keramik verbunden, so kommt es auf möglichst gleiche Wärmeausdehnung an. Hier gibt es eine ganze Reihe von Eisen-Nickel-, Eisen-Nickel-Chrom- und Eisen-Nickel-Kobalt-Legierungen mit abgestufter Wärmeausdehnung (siehe Stahl-Eisen-Werkstoffblatt 385).

4.6.2. Stähle mit besonderen magnetischen Eigenschaften

Für die magnetischen Eigenschaften der Stähle ist die Magnetisierung in einem magnetischen Feld kennzeichnend. Mit wachsender Feldstärke nimmt die Magnetisierung bis auf einen Höchstwert, die sogenannte Sättigungsmagnetisierung zu (Bild 31). Nach Abschalten des magnetischen Feldes geht die Magnetisierung nicht auf null zurück, sondern es bleibt ein Rest, die Remanenz. Erst durch Umkehrung des magnetischen Feldes verschwindet die Magnetisierung. Die dazu nötige negative Feldstärke heißt Koerzitivfeldstärke. Der weitere Verlauf der Magnetisierungskurve im magnetischen Wechselfeld geht über die negative Sättigung wieder zur positiven Sättigung, aber nicht mehr durch den Nullpunkt. Die Größe der Fläche zwischen den beiden Hysteresiskurven ist ein Maß für den Energieverlust bei der Ummagnetisierung

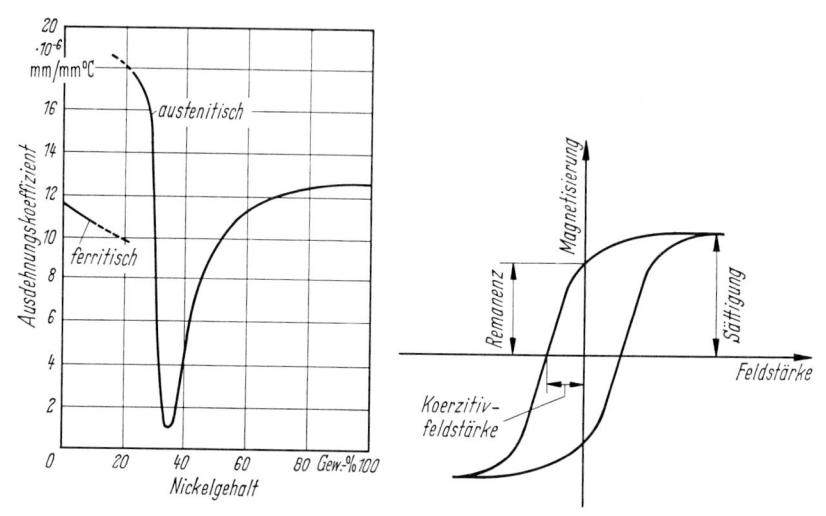

Bild 30. Wärmeausdehnung von Eisen-Nickel-Legierungen zwischen 0 und 100 °C

Bild 31. Magnetisierungskurve von Stahl (schematisch)

im Wechselfeld. Durch Legierungszusätze kann man den Verlauf der Magnetisierungskurve beeinflussen und unterschiedliches magnetisches Verhalten einstellen. Stähle mit hoher Sättigung und kleiner Koerzitivkraft nennt man weichmagnetisch, solche mit großer Koerzitivkraft hartmagnetisch.

Weichmagnetische Stähle werden im Bereich magnetischer Wechselfelder von elektrischen Generatoren und Motoren verwendet. Für Pole, Polräder und Induktorkörper wird unlegierter kohlenstoffarmer Guß wie z. B. GS 38.9 oder unlegierter Schmiedestahl wie C 22 und schwach-

4.6. Stähle mit besonderen physikalischen Eigenschaften

Tafel 13. Gebräuchliche nicht magnetisierbare Stähle (s. a. Stahl-Eisen-Werkstoffblatt 390)

Stahlsorte Kurzname	Werkstoff-Nr.	Chemische Zusammensetzung Gew.-% Gew.-% C	Mn	Cr	Ni	[1]Zustand	0,2- Grenze[3] N/mm²	Magnetische Permeabilität höchstens
X 35 Mn 18	1.3805	0,35	18,0			abgeschreckt	250	1,01
X 40 MnCr 18	1.3817	0,40	18,0	4,0		abgeschreckt kaltverformt	300 500—900	1,01 1,03
X 15 CrNiMn 12 10	1.3962	0,13	6,0	11,5	10	abgeschreckt kaltgezogen	220 1200	1,01 1,08
X 5 CrNi 18 11	1.3958	≦ 0,07	≦ 2	18	10	abgeschreckt	200	1,05
X 8 CrNi 18 12	1.3956	≦ 0,12	≦ 2	17,5	12	abgeschreckt kaltgezogen	200 1250	1,01 1,03
X 50 CrMnNi 22 9 [2]	1.3967	0,53	8,5	21,5	4	abgeschreckt ausgehärtet	550 650	1,01 1,01

[1] Soweit nicht anders angegeben Mittelwerte. [2] Enthält 0,4% N.

legierter Schmiedestahl wie 24 Ni 8 oder 28 NiCrMo 4 verwendet. Die Stator- und Rotorwicklung wird meist zur Vermeidung von Wirbelstromverlusten auf Körper aufgebracht, die aus gestanzten Blechlamellen geschichtet sind. Dazu wird neben unlegiertem Stahl auch siliziumlegiertes Band oder Blech eingesetzt. Silizium, meist in Gehalten von 2,5—4%, setzt die Koerzitivkraft herab und verringert die Hysteresisverluste, wie auch — durch die Erhöhung des elektrischen Widerstandes — die Wirbelstromverluste. Werden besonders hohe Anfangspermeabilität oder kleinste Koerzitivkraft verlangt, kommt z. B. eine Eisen-Legierung mit 50% Nickel zur Anwendung, die natürlich wegen der höheren Kosten (siehe Abschnitt 3.2) nur ein begrenztes Anwendungsgebiet wie z. B. in Meßgeräten hat (siehe DIN 17405).

Hartmagnetische Legierungen werden als Dauermagnete in Türverschlüssen, Dynamos, Meßgeräten usw. eingesetzt. Schmiedbare Stähle haben aber hier an Bedeutung verloren gegenüber gegossenen oder gesinterten Aluminium-Nickel- oder Aluminium-Nickel-Kobalt-Legierungen und den Barium-Ferriten mit erheblich höherer Koerzitivkraft (siehe DIN 17410).

Nun gibt es im Bereich magnetischer Felder auch Stahlbauteile, die sich neutral verhalten, d. h. die Felder nicht stören sollen. Auch müssen in starken Wechselfeldern durch Ummagnetisierung hervorgerufene Erwärmungen vermieden werden. So finden z. B. im Schiffsbau (wegen Kompaßstörung oder Magnetminen) und für einige Teile elektrischer Maschinen wie Induktorkappen und Bandagendrähte nichtmagnetisierbare Stähle Anwendung.

In Bild 10 hatten wir gesehen, daß Ferrit erst oberhalb der Linie MO bei 769 °C unmagnetisch wird, Austenit dagegen nichtmagnetisierbar ist. Austenitische Chrom-Nickel-Stähle ähnlich den korrosionsbeständigen Stählen können deshalb als nichtmagnetisierbare Stähle verwendet werden. Aus Kostengründen wird aber auch in starkem Maße Mangan als Austenitbildner herangezogen. Kaltverfestigung und Aushärtung heben die Fließgrenze an. Einige Stähle aus dem Stahl-Eisen-Werkstoffblatt 390 sind in Tafel 13 aufgeführt.

5. Prüfung der Stähle

Wir haben in Abschnitt 4 eine Vielzahl von Stählen mit unterschiedlichen Eigenschaften kennengelernt. Um sicherzugehen, daß diese besonderen Eigenschaften auch tatsächlich vorliegen, werden die Stähle während der Fertigung und Weiterverarbeitung geprüft. Nach DIN 50049 kann eine Prüfung unter Aufsicht eines Abnahmesachverständigen des Herstellers, Käufers oder einer neutralen Abnahmegesellschaft z. B. des TÜV vereinbart werden.

5.1. Chemische Zusammensetzung

Beim Legieren im Stahlwerk sind gewisse Schwankungen von Schmelze zu Schmelze nicht zu vermeiden. Die Stahl-Eisen-Liste gibt die zulässigen Analysengrenzen an. Während der Erschmelzung werden aus dem Bad Proben gezogen, im Schnellverfahren analysiert und ggf. durch nachträgliche Legierungszusätze noch korrigiert, um die Schmelze in die vereinbarte Analysentoleranz zu bringen. Die letzte Probe wird während des Abgusses entnommen und die Schmelze unter dieser Schmelzanalyse geführt. Die Stückanalyse eines Bleches, Stabes oder Schmiedestückes kann davon geringfügig abweichen.

5.2. Gefügebeurteilung

Wie wir gesehen haben, sind die Eigenschaften der Stähle eng mit ihrem Gefügeaufbau verbunden. Mit der Untersuchung von Gefüge und Gefügefehlern befaßt sich die Metallographie. Will man sehen, wieviel Perlit in einem normalgeglühten Gefüge vorliegt, so braucht man ein Mikroskop mit 100- bis 500facher Vergrößerung, weil die Körner nur einen mittleren Durchmesser von einigen hundertstel Millimetern besitzen. Um eine Karbidseigerung in einem Stab zu erkennen, sollte man zunächst mit dem bloßen Auge schauen, da eine Vergrößerung hier den Gesichtskreis einschränken würde. Die Vergrößerung bestimmt, was man sieht und umgekehrt sollte man die Vergrößerung nach dem wählen, was man sehen will und notfalls unterschiedliche Vergrößerungen anwenden. Bei Betrachtung mit dem bloßen Auge oder einer Lupe spricht man von makroskopischer und bei Gebrauch eines Mikroskopes von mikroskopischer Beurteilung.

Betrachtet werden entweder Bruchflächen, in denen die einzelnen Körner und ihre Gefügebestandteile freiliegen oder feingeschliffene bzw. polierte Flächen, auf denen man das Gefüge anätzen kann. Die einzelnen Gefügebestandteile eines Schliffes werden vom Ätzmittel (meist verdünnte Säuren) unterschiedlich stark angegriffen, wie auch der Abtrag der einzelnen Körner von der Richtung ihres Kristallgitters zur Schliffebene abhängt. So entstehen durch das Ätzen kleine Stufen, die bei entsprechender Beleuchtung sichtbar werden und das Gefüge erkennen lassen.

Durch makroskopische Beurteilung von Bruchproben kann man z. B. folgende Fehler auffinden:

Blockseigerung: ungleichmäßige Verteilung von Elementen über den Blockquerschnitt bei der Erstarrung

Schlackenzeilen: Ansammlung von nichtmetallischen Einschlüssen, die in Verformungsrichtung gestreckt sind

Lunker: Erstarrungshohlräume gebildet durch die Volumenverringerung bei der Erstarrung

Gasblasen: entstanden durch Verringerung der Gaslöslichkeit bei der Erstarrung, oft mit Restschmelze gefüllt

Überhitzung: die sich durch einen grobkörnigen glitzernden Bruch zu erkennen geben

Flocken: Innenrisse durch Wasserstoffausscheidung bei der Abkühlung (siehe Abschnitt 3.2.2 „Wasserstoff")

Die makroskopische Beurteilung von Brüchen läßt aber z. B. auch die Einhärtetiefe bei Oberflächen- und Schalenhärtung erkennen. Ähnliche Aussagen werden mit makroskopischen Ätzproben gewonnen.

Die mikroskopische Betrachtung von Brüchen (Mikrofraktographie) ist durch die große Tiefenschärfe und starke Vergrößerung der Raster-Elektronenmikroskope ein wichtiger Zweig der Gefügebeurteilung geworden. Breitere Anwendung findet aber noch die Untersuchung von Mikroschliffen mit dem Lichtmikroskop. Auf diese Weise sind die Gefügeaufnahmen im Anhang entstanden. Mit diesem Verfahren kann man z. B. die Größe der Körner ausmessen, beurteilen ob Korngrenzenkarbid oder Restaustenit vorliegt, ob der Perlit feinstreifig ist oder das Glühgefüge gleichmäßig kugelig. Wir erkennen die Größe, Art und

Verteilung von nichtmetallischen Einschlüssen, Karbiden oder anderen Verbindungen. Erst wenn äußerst feine Ausscheidungen oder kleine Bereiche eines Korns oder einzelne Korngrenzen betrachtet werden sollen, wird die Wellenlänge des Lichtes zu grob und die feinere Beleuchtung eines Elektronenmikroskopes ab etwa 1500facher Vergrößerung erforderlich.

Die Untersuchung des Gefüges im atomaren Bereich, also z. B. die Ermittlung des Gitteraufbaues und des Gitterparameters, erfordert eine äußerst kurze Wellenlänge, wie sie Röntgenstrahlen besitzen. Aus der Brechung dieser Strahlen an den Gitterebenen kann man indirekt Aufschlüsse über den Gitterparameter, die Größe der Atome, sowie über die vorhandenen Gittertypen erhalten, ob also z. B. neben kubisch raumzentriertem Ferrit noch kubisch flächenzentrierter Restaustenit oder eine hexagonale Ausscheidung vorliegt.

Röntgenstrahlen werden wegen ihrer Fähigkeit, Stahl zu durchdringen, auch zur Auffindung makroskopischer Innenfehler wie Lunker und Blasen sowie Schweißporen und -rissen herangezogen. Das Prinzip ist ähnlich dem, das uns aus der Medizin bekannt ist. Bei der Durchschallung mit Ultraschall werden von Innenfehlern Echos zurückgeworfen, die auf der Mattscheibe eines Oszillographen Anzeigen bringen und Aussagen über Lage und Art der Fehler zulassen.

5.3. Mechanische Eigenschaften

An den aus Stahl gefertigten Gegenständen greifen beim Gebrauch Kräfte an. Ein Drahtseil ist Zugkräften ausgesetzt, eine Stütze Druckkräften. Eine Blattfeder wird durch Biegekräfte beansprucht und eine Antriebswelle durch Verdrehkräfte. Diese Kräfte bewirken eine Formänderung. Das Drahtseil wird ein wenig gedehnt und die Feder durchgebogen. Den Konstrukteur interessiert nun, bis zu welcher Kraft ein Bauteil elastisch bleibt, d. h. nach Entlastung wieder in die ursprüngliche Form zurückgeht. Darüber hinaus muß er wissen, ab wann bleibende plastische Formänderungen auftreten, die Feder z. B. überlastet ist und nicht mehr voll zurückspringt und bei welcher Kraft sie bricht. Auf der anderen Seite will der Fertigungstechniker, der den Gegenstand herstellen soll, wissen, welche Kräfte er aufwenden muß, um den Stahl plastisch zu machen und ihn ziehen, fließpressen, kaltwalzen oder stanzen zu können. Aus diesem Grunde werden an meist genormten Proben die Formänderungen in Abhängigkeit von der angreifenden Kraft in einem Versuch gemessen. Die Belastungsfälle der Praxis sind dabei nachgeahmt und wir unterscheiden zwischen Zug-, Druck-, Biege- und Verdrehversuchen.

Zugversuch. Betrachten wir als Beispiel den Zugversuch nach DIN 50145 (Bild 32). Die Verlängerung ist im elastischen Bereich der steigenden Kraft proportional. Bei einer bestimmten Kraft beginnt die Probe plötzlich zu fließen, dehnt sich bis zu einer Höchstlast und

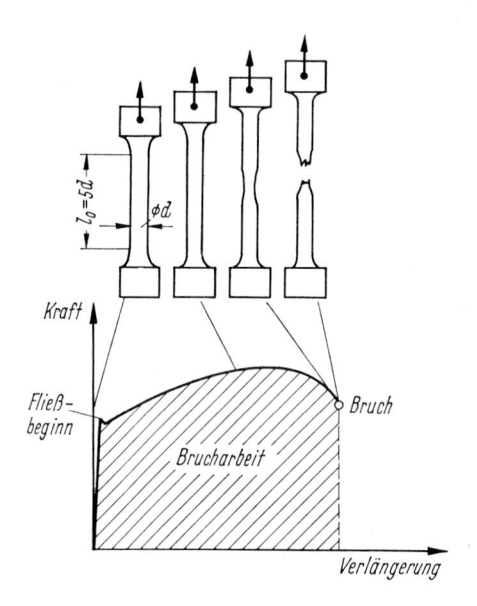

Bild 32. Zugversuch. Kraft-Verlängerungs-Schaubild sowie Dehnung und Einschnürung der Zugprobe

schnürt dann bis zum Bruch ein. Bezieht man nun die Kraft in N auf den Probenausgangsquerschnitt in mm², so kommt man zu Spannungswerten in N/mm². Der Fließbeginn entspricht dann der Streckgrenze R_e und die Höchstlast der Zugfestigkeit R_m. Man bezeichnet R_e/R_m als Streckgrenzenverhältnis. Bei vielen kaltverformten oder legierten Stählen bildet sich keine natürliche Streckgrenze aus. Hier wird der Fließbeginn durch die Spannung ausgedrückt, bei der sich eine kleine meßbare bleibende Dehnung von z. B. 0,2% einstellt und als 0,2-Dehngrenze, kurz als $R_{p0,2}$ bezeichnet. Bezieht man die Verlängerung bis zum Bruch auf die Ausgangslänge, so erhält man die Bruchdehnung A üblicherweise in %, desgleichen die Brucheinschnürung Z in %, wenn man den eingeschnürten Querschnitt auf den Ausgangsquerschnitt der

Probe bezieht. Da im Bereich der Einschnürung die Dehnung stärker ist, wird die Bruchdehnung zahlenmäßig um so größer je kürzer die nicht eingeschnürte Meßlänge ist. Gebräuchlich sind Meßlängen l von fünf- bzw. zehnmal Probendurchmesser d, in angelsächsischen Ländern auch $l = 4\,d$. Der schraffierte Bereich unter der Pobe entspricht Kraft (N)·Weg (m) = Arbeit (J), und zwar der Verformungsarbeit bis zum Bruch. Dehnung, Einschnürung und Brucharbeit werden als Maß für die Zähigkeit benutzt. Streckgrenze, Dehngrenze und Zugfestigkeit sind dagegen Festigkeitskennwerte (N/mm^2).

Weitere Einflüsse. Im Druckversuch erhält man eine ähnliche Kurve wie in Bild 32 und entsprechend eine Stauchgrenze, Druckfestigkeit bzw. Stauchung und Ausbauchung. Der Biege- und Verdrehversuch liefern analoge Werkstoffkennwerte.

Entsprechend den Gegebenheiten der Praxis werden diese Grundversuche noch variiert durch folgende Einflüsse:

Prüftemperatur (Warmzug- oder Tieftemperaturzugversuch)

Belastungsdauer (Zeitstandversuch)

Belastungsgeschwindigkeit (Schlagzug-, Verdrehschlagversuch)

Wechselnde Belastung (Dauerschwingversuch)

Kerbung (Kerbzug-, Kerbschlagbiegeversuch)

Umgebung (Versuche in korrosiven Angriffsmitteln)

Es können auch mehrere Einflüsse gleichzeitig wirken wie z. B. beim Warm-kerb-schlag-biege-versuch. So wird eine Fülle von Kennwerten möglich, die nun vom Konstrukteur für die Berechnung und vom Fertigungstechniker für die Herstellung von Gegenständen genutzt werden können.

Aus der Vielzahl der mechanischen Prüfverfahren sollen noch einige etwas genauer vorgestellt werden.

Zeitstandversuch. Im Zeitstandversuch nach DIN 50118 wird eine Zugprobe in einem Ofen bei gleichbleibender Temperatur über Monate oder Jahre mit einem Gewicht belastet und die Längenänderung der Probe durch Kriechen im Laufe der Zeit gemessen. Man kann z. B. feststellen unter welcher Zugspannung ein Stahl bei 550 °C nach 10 000 h eine bleibende Dehnung von 1% erfahren hat und diesen Wert als Zeitdehngrenze $\sigma_{1/10\,000}$ angegeben. Auch interessiert, welche Spannung z. B. nach 100 000 Std zum Bruch führt. Sie wird als Zeitstandfestigkeit $\sigma_{B/100\,000}$ bezeichnet. Die Zeitstandfestigkeit liegt beträchtlich tiefer als die im Kurzversuch gemessene Warmfestigkeit, desgleichen die Zeitbruchdehnung. Bauteile, die über Jahre bei erhöhten Temperaturen in Betrieb sind wie Dampfkessel und -turbinen aus warmfesten Stählen werden deshalb aufgrund von Langzeitkennwerten berechnet. Das trifft auch für einige Werkzeuge aus Warmarbeitsstählen zu, die im Betrieb kriechen.

Dauerschwingversuch. Im Dauerschwingversuch nach DIN 50100 wird die Probe einer wechselnden Belastung ausgesetzt, ähnlich wie das bei einer Fahrzeugachse oder einem Pressenständer der Fall ist. Han-

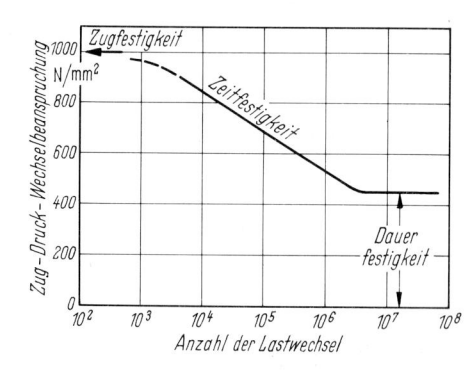

Bild 33. Wöhler-Kurve. Abnahme der Festigkeit durch Lastwechsel

delt es sich z. B. um einen Vergütungsstahl mit einer Festigkeit von 1000 N/mm², so wird er bei einer wechselnden Spannung von 850 N/mm² nach 10 000 Lastwechseln soweit ermüdet sein, daß er bricht (Bild 33). Eine schwingende Belastung von 530 N/mm² führt erst nach 1 Million Lastspielen zum Dauerbruch. Bei einer etwas niedrigeren Belastung überlebt eine Probe mehr als 10^7 Schwingungen und bricht dann auch bei weiteren Lastwechseln im allgemeinen nicht mehr. Diese auf Dauer ertragbare Schwingspannung bezeichnet man als Dauerfestigkeit, die Verbindung unserer Meßpunkte als Wöhler-Kurve. Wir erkennen, daß ein Stahl unter schwingender Belastung weniger fest ist als bei ruhender Spannung. Natürlich wird die Dauerfestigkeit durch die Art der Schwingung und die Gestalt und Güte der Oberfläche stark beeinflußt. Teile mit gekerbter, riefiger oder entkohlter Oberfläche brechen eher als ungekerbte, glatt polierte Proben.

Kerbschlagbiegeversuch. Beim Kerbschlagbiegeversuch nach DIN 50115 wird eine gekerbte Probe unter einem Pendelschlagwerk zerschlagen (Bild 34). Aus der Differenz der Pendelhöhe vor (H_1) und nach (H_2) dem Schlag kann die verbrauchte Schlagarbeit A_v in J ermittelt werden, die — auf den Querschnitt unter dem Kerb bezogen — als Kerbschlagzähigkeit a_k in J/cm² angegeben wird. Es handelt sich dabei um die Brucharbeit (siehe schraffierte Fläche in Bild 32). Mit elektronischen Mitteln kann man auch beim Kerbschlagbiegeversuch zusätzlich den Verlauf der Kraft-Durchbiegungskurve aufzeichnen. Es gibt unterschiedliche Probenabmessungen und Kerbformen wie z. B. die DVM Rundkerb- oder die ISO-V Spitzkerbprobe. Je schärfer der Kerb um so geringer fällt die Kerbschlagzähigkeit aus. Mit sinken-

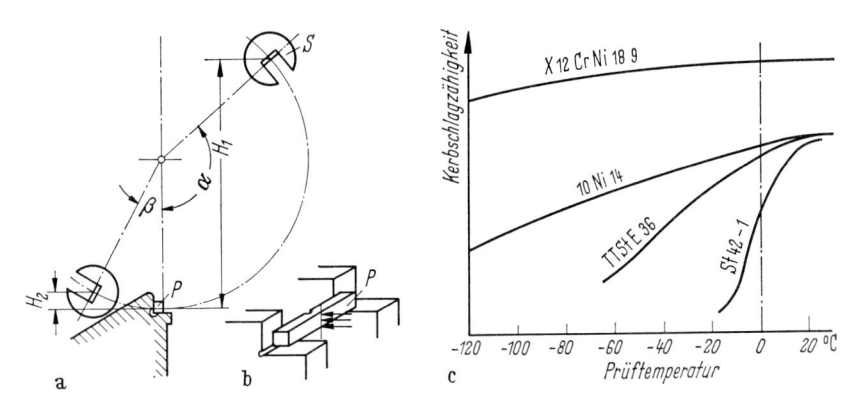

Bild 34. Kerbschlagversuch. a) Schlagwerk mit Schlagpendel S und Probe P; b) Ausschnitt mit aufgelegter Probe 10×10×55 mm DVM Kerb 3 mm tief mit 1 mm Kerbradius ISO-V Kerb 2 mm tief mit 0,25 mm Kerbradius; c) Abhängigkeit der Kerbschlagzähigkeit von der Prüftemperatur

der Temperatur geht die Kerbschlagzähigkeit von einer Hoch- zur Tieflage, d. h. der Stahl versprödet. Der Steilabfall kann bei Massenstählen dicht unter Raumtemperatur erfolgen, so daß sie in winterlichen Temperaturen weniger zäh sind. Die Verwendung von Feinkornbaustählen wie TTStE 26 bis TTStE 51 verschiebt den Steilabfall zu tieferen Temperaturen. In gleicher Richtung wirkt ein Vergüten und die Zugabe von Nickel. So besitzt z. B. der kaltzähe Stahl 10 Ni 14 V noch bei −120 °C die in Abschnitt 4.2.2 erwähnte ISO-V Mindestkerbschlagarbeit von 27 J. Ganz besonders kaltzäh sind austenitische Chrom-Nickel-Stähle wie z. B. X12CrNi189, der bei −200 °C noch mehr als die doppelte Zähigkeit aufweist. Die Nickel- oder

Chrom-Nickel-Stähle werden vielfach in der Kältetechnik angewendet (siehe Stahl-Eisen-Werkstoffblatt 680 über kaltzähe Stähle).

Härteprüfung. Die Härte ist der Widerstand, den ein Körper einem von außen eindringenden härteren Körper entgegensetzt. Auf dieser Definition beruhen eine ganze Reihe von Härteprüfverfahren. Bei der Rockwell-C-Prüfung nach DIN 50103 wird ein kleiner Diamantkegel mit einer bestimmten Belastung in die Stahloberfläche gedrückt und die Eindringtiefe gemessen. Je geringer die Eindringtiefe um so höher ist der HRC-Wert. Das Brinellverfahren nach DIN 50351 arbeitet mit einer Hartmetallkugel, die man ebenfalls mit einer festgelegten Kraft in den Stahl drückt. Gemessen wird nicht die Eindring-

Tafel 14. Vergleich von Zugfestigkeit und Härte
(gilt nicht für austenitische Stähle, siehe DIN 50150)

HV	HB	HRC	Zugfestigkeit N/mm²
80	76		225
100	95		320
120	114		385
140	133		450
160	152		510
180	171		575
200	190		640
220	209		705
240	228	20,3	770
260	247	24,0	835
280	266	27,1	900
300	285	29,8	965
320	304	32,2	1030
340	323	34,4	1095
360	342	36,6	1155
380	361	38,8	1220
400	380	40,8	1290
420	399	42,7	1350
440	418	44,5	1420
470	447	46,9	1520
500	(475)	49,1	1630
550	(523)	52,3	1810
600	(570)	55,2	1995
650	(618)	57,8	2180
700		60,1	
750		62,2	
800		64,0	
850		65,6	
900		67,0	
940		68,0	

tiefe, sondern der Eindruckdurchmesser. Je größer er ist, um so weicher ist der Stahl und um so kleiner der HB-Wert. Ähnlich ermittelt man die Vickershärte (HV) nach DIN 50133, jedoch unter Verwendung einer kleinen Diamantpyramide anstelle der Kugel. Das Rockwellverfahren eignet sich mehr zur Prüfung härterer Stähle (Werkzeugstähle), das Brinellverfahren für weichere Baustähle. Die Vickershärteprüfung ist universell für hart und weich anwendbar. HRC, HB und HV sind untereinander vergleichbar und stehen auch in einem Zusammenhang mit der Zugfestigkeit (Tafel 14). Ohne Beschädigung der Oberfläche durch Härteeindrücke kann man bei hochharten Stählen (Kaltwalzen) am Rücksprung eines auf die Oberfläche fallenden Prüfkörpers die Härte messen (Shorehärte).

6. Stahlerzeugung

Nachdem wir uns der Beantwortung der Frage „Was ist Stahl" ausführlich gewidmet haben, wollen wir zum Abschluß noch fragen, woher er kommt und einen kleinen Überblick über die Erzeugung gewinnen.

Ausgangspunkt der Stahlerzeugung ist das Eisenerz. Die chemische Zusammensetzung und Bezeichnung einiger Erze aus verschiedenen Lagerstätten sind in Tafel 15 aufgeführt. Neben dem Eisengehalt ist auch der Anteil an taubem Gestein (Gangart) von Interesse. Die Verarbeitung der Erze bis zum Stahl erfolgt in drei bzw. vier Stufen:

Erzaufbereitung
Verhüttung
Stahlerschmelzung
Stahlveredelung

6.1. Erzaufbereitung

Die Erzaufbereitung hat im wesentlichen zwei Aufgaben: Das Anreichern des Eisenanteiles im Erz und das Stückigmachen von Feinerzen. Bei Spateisenstein erfolgt schon eine Anreicherung durch Rösten, d. h. durch Austreiben von Kohlendioxyd bei erhöhten Temperaturen. Nach einem Vermahlen kann Magneteisenstein durch Magnetabscheider von der Gangart getrennt werden und die unmagnetischen Eisenerze durch Flotieren, d. h. Abscheiden aus flüssiger Schwebe nach dem spezifischen Gewicht. Vermahlene Erze würden den Hochofen verstopfen und werden deshalb durch Sintern (Zusammenbacken) oder Pelletisieren (Brikettieren) stückig gemacht. Das Ergebnis der ersten Stufe der Stahlerzeugung ist ein stückiges, poröses, eisenreiches Erz mit mehr als 60% Eisen. Die Porosität soll die Oberfläche vergrößern und die Reduktion im Hochofen beschleunigen.

6.2. Verhüttung

Diese zweite Stufe hat die Aufgabe, dem Erz den Sauerstoff zu entreißen, es dadurch zu Eisen zu reduzieren und die verbliebene

6.2. Verhüttung

Tafel 15. Zusammensetzung einiger Erzarten

Bezeichnung		Lagerstätte	Chemische Zusammensetzung Gew.-%				
			Fe	Mn	P	Quarz SiO_2	Tonerde Al_2O_3	Kalk CaO
Magneteisenstein	Fe_3O_4	Schweden Kiruna	59/67	0,04/0,2	0,2/2,5	0,1/7,0	0,3/1,2	1,7/8,5
Roteisenstein	Fe_2O_3	USA Wabana	47/51	0,15/0,25	0,8/1,0	12/16	4,7/5,5	2,5/3,4
Brauneisenstein	$2 Fe_2O_3 \cdot 3 H_2O$	Spanien Bilbao	49/53	0,5/0,9	0,02/0,04	10/14	1,4/1,8	0,5/0,7
Spateisenstein	$FeCO_3$	Siegerland	33/38	6,5/7,5	0,005/0,012	7/10	0,1/0,4	0,5/0,8
		Steyrischer Erzberg		1,7/2				7/9

Gangart

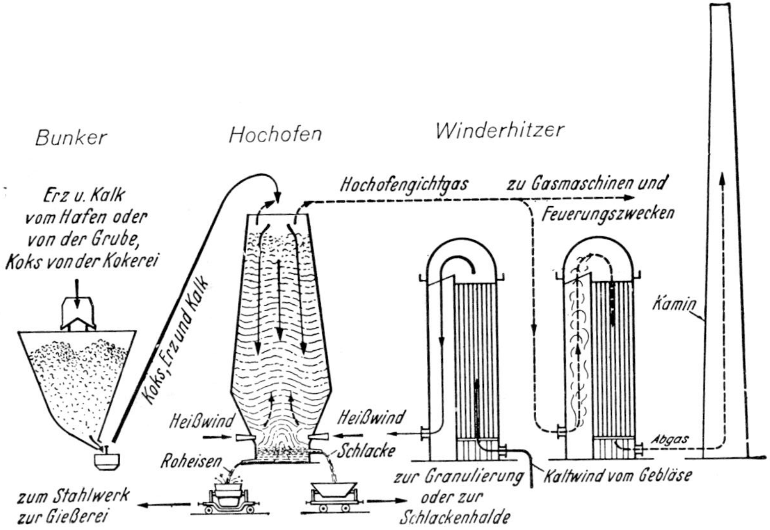

Bild 35. Schema einer Hochofenanlage

Gangart abzutrennen. Die Reduktion erfolgt durch Kohlenstoff (Koks), der den Sauerstoff an sich bindet und gleichzeitig Verbrennungswärme liefert, mit der die Gangart aufgeschmolzen wird und sich im flüssigen Zustand aufgrund des geringeren spezifischen Gewichtes vom Eisen trennt. Dieser Prozeß wird im Hochofen durchgeführt, einem 30—40 m hohen mit feuerfesten Steinen ausgekleideten Schachtofen (Bild 35). Laufend werden Kübel an einem Schrägaufzug hochgezogen, die durch die Gicht den Ofenschacht mit Erz, Koks und Zuschlägen, meistens Kalkstein, beschicken. Die Zuschläge haben den Zweck, eine leicht schmelzende Schlacke zu bilden, die die Verunreinigungen des Erzes und Kokses wie z. B. Schwefel aufnimmt. Außerdem soll die Schlacke möglichst so eingestellt werden, daß sie zu Pflastersteinen, Steinwolle oder dergl. verarbeitet werden kann. Durch Mischung unterschiedlicher Erze strebt man mit Rücksicht auf das nachfolgende Stahlherstellungsverfahren eine bestimmte Roheisenzusammensetzung an (Tafel 16).

Tafel 16. Zusammensetzung von Roheisensorten in Gew.%

	C	Si	Mn	P	S
Stahlroheisen[1])	3,5—4,5	$\leq$ 1,0	0,4—1,0	0,08—0,25	$\leq$ 0,04
Thomasroheisen	3,2—3,8	$\leq$ 1,0	0,4—0,8	1,5 —2,2	$\leq$ 0,12
Gießereiroheisen	3,7—4,1	2—3	0,6—0,9	0,5 —0,7	$\leq$ 0,04

[1] Für LD und SM Stahlerzeugung (für SM meist mehr Mangan z. B. 2,5%).

Zum Verbrennen des Kokses ist Luft nötig. Der Hochofen zieht aber nicht von allein. Man muß die erforderliche Luft einblasen, und zwar in ganz beträchtlichen Mengen. Mit Gebläsemaschinen wird der Wind erzeugt, den man dann durch wassergekühlte Düsen, den sogenannten Blasformen, in den unteren Teil des Hochofens hineinpreßt. Vorher wird der Wind in Winderhitzern auf etwa 800 °C vorgewärmt, wodurch man höhere Ofentemperaturen erzielt und wirtschaftlicher arbeitet. Die bei der Verbrennung entstehenden Gase dringen durch die Erz- und Koksschichten nach oben zur Gicht durch, dabei werden im obersten Teil des Hochofens die Erze und der Brennstoff getrocknet und erhitzt, im mittleren Teil beginnt die Reduktion und zuunterst im Gestell sammelt sich das geschmolzene Eisen an. Auf dem Eisen schwimmt die leichtere Schlacke und fließt durch eine in richtiger Höhe angebrachte Öffnung laufend ab. Das flüssige Roheisen dagegen wird

6.2. Verhüttung

in Abständen von etwa 3 – 4 h durch das am Boden des Ofens befindliche Stichloch abgelassen. Der Hochofen wird abgestochen, indem man das mit Ton verstopfte Stichloch mittels Sauerstofflanzen aufbrennt.

Das zur Gicht hochsteigende Gas wird aufgefangen und verwertet. Es besteht hauptsächlich aus brennbarem Kohlenoxyd sowie nicht brennbarem Kohlendioxyd und Stickstoff, die den Heizwert des Gases stark herabsetzen. Mit Gichtgas werden Gebläsemaschinen betrieben, Kessel beheizt und die oben erwähnten Winderhitzer erwärmt.

Das vom Hochofen kommende Roheisen läßt man entweder in Sandformen zu meterlangen Barren (Masseln) erstarren oder es wird im flüssigen Zustand durch feuerfest ausgekleidete Pfannen zum Stahlwerk gebracht, wo es dann weiter zu Stahl verarbeitet wird. Das Roheisen hat vom Hochofen verschiedene Begleitelemente mitbekommen, die teils aus den Erzen, teils vom Brennstoff herrühren (Tafel 16). Im Vergleich zum aufbereiteten Erz ist der Eisenanteil jetzt auf über 90% gestiegen. Die verbleibenden Beimengungen machen das Roheisen sehr spröde. Es ist nicht schmiedbar, wird aber in Eisengießereien zu den verschiedensten Formstücken wie z. B. Maschinenbetten und -ständer vergossen.

Durch höheren Druck und Sauerstoffanreicherung des Windes sowie Einblasen von Heizöl oder Erdgas versucht man heute, den Durchsatz im Hochofen zu steigern bei gleichzeitiger Einsparung von Koks. Da der Hochofenprozeß nicht unmittelbar zu Stahl sondern nur zu einer Vorstufe, dem Roheisen führt, wird er als indirektes Reduktionsverfahren bezeichnet. Die weitaus überwiegende Menge der Stahlerzeugung nimmt heute diesen indirekten Weg.

Es hat aber nicht an Bemühungen gefehlt, in einem Schritt vom Erz zum Stahl zu kommen. Eine ganze Reihe von direkten Reduktionsverfahren wurde entwickelt, die zum Teil mit festen Reduktionsmitteln wie Kohle arbeiten oder mit gasförmigen, wie z. B. Erdgas, Kokereigas und Wasserstoff. Die Direktreduktion wird in Schacht- oder Niederschachtöfen, in liegenden Drehrohröfen, Elektroöfen, Retorten oder im Schwebebett durchgeführt bei Temperaturen, die zum Teil erheblich unter dem Schmelzpunkt liegen. Verwendet man z. B. ein reines Erz, dessen Gangart durch Aufbereitung weitgehend abgetrennt wurde, so kann man schon ab 900 °C mit Reduktionsmitteln den Sauerstoffanteil des Erzes entfernen, der an Kohlenstoff und Wasserstoff gebunden gasförmig entweicht. Das Eisen bleibt in fester Form zurück, ist aber wegen des abgeführten Sauerstoffanteils porös. Dieser Eisenschwamm kann ähnlich wie Stahlschrott zur weiteren Formgebung geschmolzen und vergossen werden. Enthalten die Erze noch größere Anteile von Gangart, so kann diese bei höheren Temperaturen von z. B. 1250 °C in einen teigigen Zustand gebracht werden ohne daß der Eisenschwamm schmilzt. Die Eisenteilchen schweißen zu Luppen zusammen, die nach dem Zerkleinern der Schlacke magnetisch abgeschieden werden.

Wir können hier auf die mehr als 50 bekannten Verfahren zur Direktreduktion nicht näher eingehen. Die Verfahren sind zum Teil auf Länder zugeschnitten, die keine verkokbare Kohle zur Gewinnung von Koks für den Hochofenprozeß oder keine stückigen Erze besitzen, dafür aber minderwertige Kohle oder Erdgas oder Strom und Feinerze. Einige Verfahren zur Verarbeitung armer Erze stellen eigentlich mehr eine Kombination von Aufbereitung und Verhüttung dar und führen zu Roheisen oder mit diesem vergleichbaren Luppen. Die Hauptschwierigkeiten der meisten Verfahren liegen darin, daß man 1. zu weitgehend reinem Eisenschwamm auch entsprechend reine und reiche Erze braucht, daß 2. eine teuere Feinvermahlung erforderlich ist, und daß 3. eine genaue anteilige Vermischung von Erz und Zusätzen schwer zu erreichen ist.

6.3. Stahlerschmelzung

Die Aufgabe dieser Verarbeitungsstufe besteht in der weitgehenden Entfernung von Kohlenstoff, Phosphor, Mangan und Silizium sowie in einer Temperaturerhöhung. Roheisen ist nämlich wegen der Verunreinigungen bei etwa 1300 °C flüssig, während durch Entfernung des Kohlenstoffs und der anderen Begleitelemente die Verarbeitungstemperatur auf über 1600 °C ansteigen muß (siehe Zustandsschaubild Eisen-Kohlenstoff, Bild 10).

Die Entfernung der Verunreinigungen geschieht durch Verbrennung mit Sauerstoff. Dieser Vorgang heißt Frischen. Während der verbrannte Kohlenstoff als Gas entweicht, werden die Oxyde des Phosphors, des Mangans und Siliziums in einer kalkhaltigen Schlacke gebunden. Das Ergebnis dieser Verarbeitungsstufe ist ein schmiedbarer Stahl mit ungefähr 99% Eisen (siehe Massenbaustähle, Tafel 2).

Die einzelnen Stahlherstellungsverfahren unterscheiden sich hauptsächlich durch die Art der Sauerstoffzufuhr beim Frischen und die Art der Temperaturerhöhung. Beim Thomas-Verfahren wird das flüssige Roheisen in einen gekippten Behälter, die Thomasbirne gefüllt und mit dem Aufrichten durch den Boden Luft eingeblasen. Die Verbrennung der Eisenbegleiter, insbesondere des Phosphors führt zu stärkerer Temperaturerhöhung als nötig, so daß mit Schrottzusatz gekühlt wird. In 20 min ist z. B. eine Schmelze mit 80 t Gewicht von Roheisen in Stahl überführt. Ein Blasen mit reinem Sauerstoff würde den Bodenstein verbrennen. Es muß also beim Thomas-Verfahren ein erheblicher Ballast an Luftstickstoff miterwärmt werden, der außerdem noch zu unerwünscht hohen Stickstoffgehalten im Stahl führt.

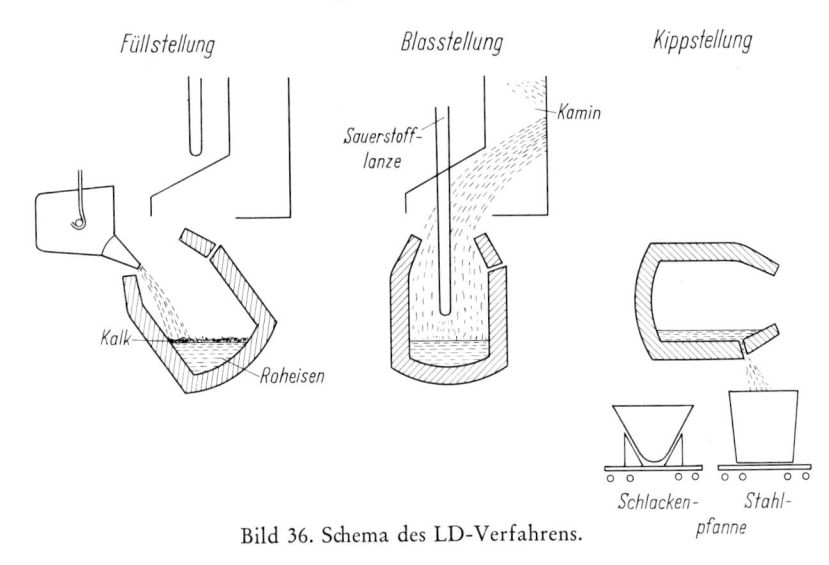

Bild 36. Schema des LD-Verfahrens.

Beim LD-Verfahren (Linz-Donawitz) (Bild 36) wird in ähnlichen Konvertern gearbeitet, aber von oben mit einer Lanze reiner Sauerstoff auf die Schmelze geblasen und beim LDAC-Verfahren zusätzlich noch Kalk. Die Wärmeentwicklung ist intensiver, und es können auch phosphorärmere Roheisensorten verarbeitet oder größere Schrottmengen zugesetzt werden. Heute baut man vorwiegend LD- bzw. LDAC-Konverter bis zu 400 t Fassungsvermögen. Die Bedeutung des Thomas-Verfahrens war dagegen rückläufig, wird aber z. Z. wieder positiver beurteilt, da mit Zuführung von Kohlenwasserstoffgas die Verbrennung der Bodendüsen durch reinen Sauerstoff vermieden werden kann (OBM-Konverter).

Die bisher beschriebenen Blasverfahren kommen mit eigener Verbrennungswärme aus. Der Siemens-Martin-Ofen wird dagegen von außen mit Gas oder Öl beheizt. Bild 37 macht den Arbeitsgang verständlich. Links oben mischt sich heißes Gas mit heißer Luft und verbrennt. Die Verbrennungsgase streichen über die Herdmulde und bewirken das Schmelzen und das Frischen des Einsatzes. Durch Kanäle werden die heißen Abgase in tieferliegende Kammern rechts unten geleitet, wo sie ihre Hitze an Gitterwerke aus feuerfesten Steinen abgeben und dann zum Schornstein abziehen. Sind diese Kammern genügend aufgeheizt, so wird mittels Schiebern umgesteuert. Jetzt ziehen

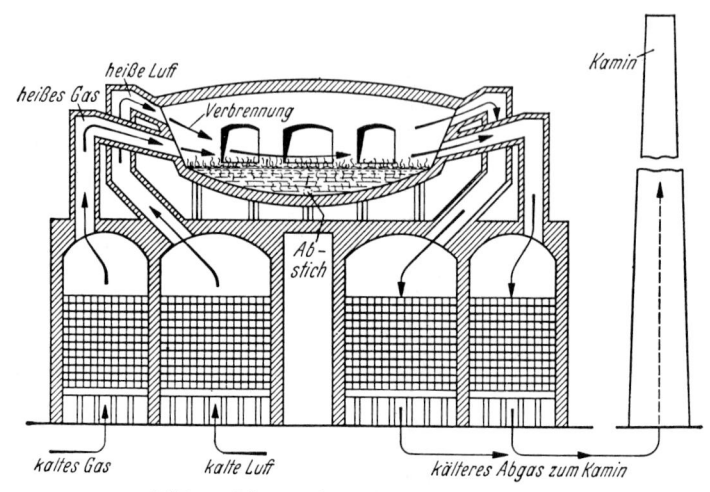

Bild 37. Schema eines Siemens-Martin-Ofens

in umgekehrter Richtung durch die Kammern rechts Gas und Luft, erhitzen sich in dem Gitterwerk und verbrennen rechts oben an der Verbrennungsstelle. Diesmal streichen die Verbrennungsgase von rechts nach links über die Herdmulde und heizen sodann die beiden linken Kammern auf. Man kann in diesen Ofentyp beliebige Mengen Schrott einsetzen. Auch eignet er sich zur Erschmelzung von Stählen mit höheren Kohlenstoffgehalten. Im Vergleich zum LD- und Thomas-Verfahren dauert eine SM-Schmelze einige Stunden. Das Fassungsvermögen der Siemens-Martin-Öfen geht bis zu einigen hundert Tonnen.

6.4. Stahlveredelung

Diese letzte Verarbeitungsstufe betrifft im wesentlichen die Edelstähle. Ausgehend von zum Teil legiertem Stahlschrott stellt sich einmal

6.4. Stahlveredelung

die Aufgabe, den Phosphorgehalt möglichst noch durch Frischen zu senken und dann vor allem den Schwefel- und Sauerstoffgehalt durch Feinen unter einer neuen reduzierenden Kalkschlacke herabzusetzen. Anschließend wird durch Zugabe von Ferrolegierungen[1] oder Reinmetall die gewünschte Legierungszusammensetzung abgestimmt. Diese Veredelung führt man in Elektrolichtbogenöfen mit meist unter 80 t Fassungsvermögen durch (Bild 38).

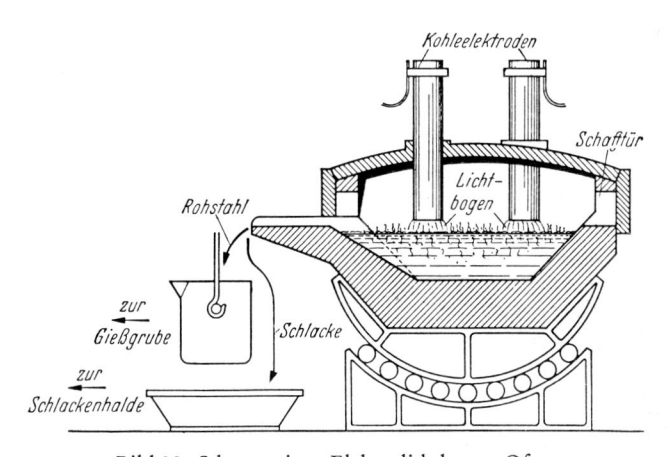

Bild 38. Schema eines Elektrolichtbogen-Ofens

Bedeutung für die Stahlveredelung haben auch die Vakuum- und Umschmelzverfahren.

Beim Vakuumschmelzen wird der Stahl unter Vakuum erschmolzen und abgegossen. Hochwarmfeste Legierungen mit größeren Titanzusätzen können z. B. durch dieses Verfahren vor zu starker Verunreinigung durch Titanoxyd- und Titannitridschlacken bewahrt werden.

Das Vakuumumschmelzen besteht in einem erneuten Abschmelzen lufterschmolzener Stähle unter Vakuum und dient vor allem der Verbesserung des Reinheitsgrades, was sich in erhöhter Zähigkeit sowie besserer Polierbarkeit und Dauerfestigkeit auswirkt.

---

[1] Einige Legierungselemente sind in den natürlichen Erzvorkommen mit Eisen (lateinisch: Ferrum) vergesellschaftet. Daraus werden „Ferrolegierungen" gewonnen, in denen das Legierungsmetall meist auf mehr als die Hälfte gegenüber dem Eisen angereichert ist.

Mit dem Vergießen unter Vakuum von lufterschmolzenen Stählen (Vakuumgießen bzw. Entgasen) erreicht man geringere Gasgehalte und vermeidet damit weitgehend die Flockenbildung (siehe Abschnitt 3.2.2 „Wasserstoff"). Darüber hinaus wird z. B. bei Kugellagerstählen durch Verringerung des Gehaltes an Mikroschlacken eine Erhöhung der Lebensdauer beobachtet. Das Vakuumgießen kommt oft schon im Anschluß an die dritte Verarbeitungsstufe zur Anwendung.

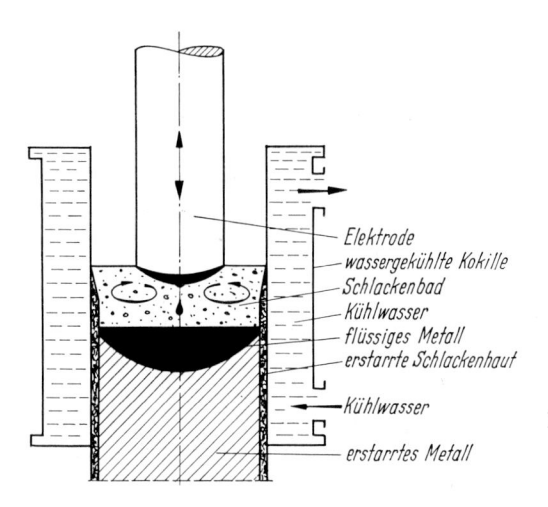

Bild 39. Schema des Elektroschlacke-Umschmelzverfahrens (ESU)

Ähnlich wie das Vakuumumschmelzen arbeitet auch das Elektroschlackeumschmelzverfahren (ESU). Es läuft aber nicht unter Vakuum ab, sondern mit einer Feinungsschlacke (Bild 39). Ein Stahlblock tropft durch elektrische Widerstandserwärmung ab. Die Tropfen durchfallen mit großer Oberfläche die raffinierende Schlacke und werden von nichtmetallischen Einschlüssen sowie von Sauerstoff und Schwefel weitgehend befreit. In der unten befindlichen wassergekühlten Kupferkokille baut sich aus dem gesäuberten Stahl ein neuer Block auf. Seine Erstarrungsrichtung weist zum Teil von unten nach oben, so daß die Blockseigerung geringer und insbesondere bei großen Querschnitten die Lunkerbildung schwächer wird.

6.5. Formgebung

Mit der Gewinnung des flüssigen Stahles ist ein mehrstufiger Prozeß abgeschlossen. Es bleibt die Überführung der Schmelze in den

6.5. Formgebung

festen Zustand zu verwendbaren Formen. Dazu bieten sich drei Wege an:

Das Vergießen zu Vorformen (Blöcke, Brammen, Stränge) und Weiterverarbeitung durch Warmformgebung (Walzen, Strangpressen, Schmieden) zu Stabstahl, Profilen, Rohren, Blechen, Draht und Schmiedestücken. Daran können sich Kaltformgebungsverfahren anschließen (Kaltwalzen, Ziehen, Kaltfließpressen, Stanzen), die zum Teil aber schon nicht mehr im Bereich des Stahlwerkes liegen und zusammen mit der Zerspanung in der weiterverarbeitenden Industrie zu Fertigteilen führen.

Das Vergießen zu fertigen Formen, die ohne oder schon nach geringer Zerspanung verwendbar sind. Dieser Stahlformguß wird meist durch Gießen in Sandformen hergestellt. in die mit Hilfe eines Modells die gewünschte Form als Hohlraum eingearbeitet wurde. Die Forderung nach glatter Oberfläche und engen Toleranzen hat zur Verbesserung der Formtechnik geführt. So werden z. B. beim Formmaskenverfahren (Croning-Guß) durch Aufgabe eines Sand-Binder-Gemisches auf beheizte Metallformplatten sehr maßgetreue Abdrücke des Modells mit guter Oberfläche gebrannt, die zu weitgehend fertigen Gußstücken führen. Ähnliches trifft für das Shaw-Verfahren zu. Im Feingußverfahren preßt man die gewünschten Teile zunächst als Hartwachs- bzw. Kunststoffmodelle, setzt mehrere zusammen und umgibt sie mit einer Keramik/Sandform. Das Wachs wird durch Erwärmen ausgeschmolzen, der Kunststoff vergast und die in der Sandform entstandenen Hohlräume mit flüssigem Stahl gefüllt. Dieses Feingußverfahren erlaubt den Abguß kleiner komplizierter Teile mit engen Toleranzen und guter Oberfläche.

Zur Herstellung großer Serien von komplizierten Kleinteilen wird Stahlpulver zu fertigen Teilen verpreßt, in denen die einzelnen Stahlteilchen anschließend durch Sintern zusammengebacken werden. Dieses Sinterverfahren kommt auch bei hochlegierten Stählen wie z. B. den Schnellarbeitsstählen in Anwendung, wo es zu besonders kleiner Karbidgröße führen und außerdem Blockseigerungen vermeiden soll.

Alle Wege der Formgebung haben ihre Anwendungsbereiche. Sind mehrere gangbar, so entscheidet die Wirtschaftlichkeit und die Beanspruchung. Zu erwähnen ist noch, daß die Schweißtechnik einen wesentlichen Platz in der Formgebung einnimmt.

Schrifttum

Zur Vertiefung der theoretischen Kenntnisse vom Stahl sind einige weiterführende Bücher nach dem Erscheinungsdatum aufgeführt und mit Stichworten zum Inhalt versehen. Danach wird auf Normen und ähnliche Richtlinien hingewiesen, die den Umgang mit Stahl in der Praxis regeln.

Houdremont, E.: Handbuch der Sonderstahlkunde, Berlin-Göttingen-Heidelberg: Springer, Düsseldorf: Verlag Stahleisen 1956. 2 Bände mit 1538 Seiten.

Ausführliche Besprechung von Aufbau und Eigenschaften des reinen Eisens und der Umwandlung von Eisen-Kohlenstoff-Legierungen. Sehr ausführliche Behandlung von legierten Stählen geordnet nach Legierungselementen.

Rapatz, F.: Die Edelstähle, Berlin-Göttingen-Heidelberg: Springer 1962. 1040 Seiten.

Kurze Einführung in die Gefügelehre und Wärmebehandlung; ausführliche Besprechung der Stähle geordnet nach Legierungselementen und Verwendungsgebieten.

Werkstoffkunde der gebräuchlichen Stähle, Teile 1 und 2. Düsseldorf: Verlag Stahleisen 1977.

Zahlreiche Übersichtsberichte verschiedener Autoren zu den Themen:
Eigenschaften und Prüfverfahren
Eisen- und Stahlsorten bestimmter Herstellung und Zusammensetzung
Stahlsorten für bestimmte Verwendungsgebiete

De Ferri Metallographia Bd. I: Grundlagen der Metallographie, 480 Seiten, Bd. II: Gefüge der Stähle, 559 Seiten, Bd. III: Erstarrung und Verformung der Stähle, 460 Seiten. Unter Beteiligung des Verlages Stahleisen Düsseldorf 1966/67

Jeder Band enthält hunderte von Gefügeaufnahmen in ausgezeichneter Wiedergabe. Die dazugehörenden Grundlagen sind jeweils in einem Textteil vorangestellt. Eine umfassende Darstellung des Stahlgefüges.

Eckstein, H. J.: Wärmebehandlung von Stahl (Metallkundliche Grundlagen), Leipzig: VEB Deutscher Verlag für Grundstoffindustrie 1969. 316 Seiten.

Kristallaufbau von Eisen und Stahl. Umwandlungsvorgänge bei der Abkühlung und bei der Erwärmung. Klar geordnete Darstellung auf neuestem Stand.

Gemeinfaßliche Darstellung des Eisenhüttenwesens, Verein Deutscher Eisenhüttenleute, Düsseldorf: Verlag Stahleisen 1971. 547 Seiten.

Übersicht über Rohstoffe, Hochofen, Stahlwerke, Formgebungsbetriebe und ihr Zusammenspiel in einem Eisenhüttenwerk. Internationale Stahlwirtschaft.

Rose, A. et al: Atlas zur Wärmebehandlung der Stähle, Bd. I Teil II 1954/56/58, Bd. II 1972, Bd. III 1973, Bd. IV 1976.

Enthält kontinuierliche und isotherme ZTU- und ZTA-Schaubilder, Stirnabschreckkurven und Gefügeaufnahmen.

Schrifttum

DIN Taschenbuch Nr. 4: Stahl und Eisen Gütenormen, Nr. 19: Materialprüfnormen für metallische Werkstoffe, Nr. 28: Stahl und Eisen Maßnormen, Berlin-Köln: Beuth Vertrieb.
    Aus der Vielzahl von DIN-Normen sind die einschlägigen Stahlnormen in diesen Büchern zusammengestellt.

Stahl-Eisen Werkstoffblätter, Stahl-Eisen Lieferbedingungen, Stahleinsatzlisten, Stahl-Eisen Prüfblätter, Düsseldorf: Verlag Stahleisen.
    Normähnliche Richtlinien über Auswahl, Behandlung, Lieferform und Prüfung von unlegierten und legierten Stählen. Verzeichnis vom Verlag anfordern.

Schmitz, H.: Stahl-Eisen-Liste, Düsseldorf: Verlag Stahleisen
    Vom Verein Deutscher Eisenhüttenleute geführte Liste der ausgegebenen Werkstoffnummern mit Angaben über chemische Zusammensetzung, Eigenschaften, Verwendungszweck, sowie Herstellerfirmen und ihre Stahlbezeichnungen.

VDI-Richtlinien, Fertigungsverfahren, Werkzeuge und Vorrichtungen im VDI-Handbuch Betriebstechnik, Düsseldorf: VDI-Verlag.
    Normähnliche Richtlinien für die Weiterverarbeitung von Stahl. Verzeichnis beim Verlag anfordern.

Werkstoffhandbuch der deutschen Luftfahrt, Teil 1: Metallische Werkstoffe, Bd. 1: Stahl und NE-Metalle, Berlin-Köln: Beuth Vertrieb.
    Enthält normenähnliche Werkstoff-Leistungsblätter unlegierter und legierter Stähle in Form von Zahlentafeln mit Werkstoffkennwerten in Abhängigkeit vom Behandlungszustand.

Sachverzeichnis

(Zusammengesetzte Begriffe auch unter dem Kernstichwort nachschlagen, z. B. Verzundern siehe auch Zundern, z. B. warmfester Stahl siehe auch Stahl, warmfest)

Abkühlung, langsame 14
—, rasche 23
Abnahme 91
Alpha-eisen 4
— -Mischkristall 10, 86
Alterung 42
Aluminium, Alterung 42
—, Desoxydation 42
—, Eigenschaften 35
—, Feinkorn 43, 50
—, Nitrierstahl 55
—, Zunderbeständigkeit 79
Analyse, chemische 91
Anlassen 31
—, partielles 32
—, Vergütung 33
Anlaß-beständigkeit 63, 67, 68
— -farben 32
— -parameter 32
— -schaubild 31, 63, 67, 71
— -sprödigkeit 31, 32, 41
Antimon 41
Arsen 41
A_0-A_4 Temperatur 19
Atomaufbau 3
— des Eisens 3
— —, idealer 3
— —, realer 7
— des Stahles 9
— von Verbindungen 11
Atom-durchmesser 35
— -gewicht, Eisen 35
— —, Legierungselemente 35
Aufhärtung 37
Aufkohlung 55
Ausscheidung 12
Ausscheidung von Karbiden 23
Ausscheidungshärtung 33

Ausscheidungshärtung in Feinkornbaustahl 50
— in martensitaushärtenden Stählen 50
— in nichtrostenden Stählen 79
— in warmfesten Stählen 84
— in Werkzeugstählen 63, 66, 69, 71
Aushärten siehe Ausscheidungshärtung
Auslagern 33
—, Alterung 42
Austenit 10, 15
— -korngröße 57
— -umwandlung 23
— -stabilisierung 36, 78, 86

Badnitrieren 55
Bainit 24
Baustähle 46
—, Feinkorn- 50
—, hochfest 47
—, tieftemperaturzäh 50, 97
—, unlegiert 47
—, zur Wärmebehandlung 51
—, warmfest 50, 82
—, wetterfest 47, 72
Betaeisen 19
Beruhigen 42
Bimetall 87
Blauversprödung 31
Blei in Automatenstahl 42
—, Eigenschaften 35
Bor, Eigenschaften 35
—, Ferritstabilisierung 37
—, Oberflächenhärtung 59
Borieren 59
Brinellhärte 98
Bruch-arbeit 95, 97
— -probe 92

Sachverzeichnis

Chlor 73
Chrom, Eigenschaften 35
—, Ferritstabilisierung 37
—, Härtbarkeit 38
—, Korrosionsbeständigkeit 72, 75
—, Legierungskosten 38
—, Nitridbildung 55
— -verarmung 74
—, Zunderbeständigkeit 79
Croningguß 109

Dauer-bruch 96
— -festigkeit 96
— —, Einschlüsse 42, 107
— —, Entkohlung 54
Dauerschwingversuch 96
Deckschichten 47, 72
Dehngrenze 94
—, Zeit- 95
Dehnung 94
Deltaeisen 5
Desoxydation 42
Diffusion 13, 21
—, Einsetzen 57
—, Nitrieren 55
Direkthärtung 57
Durch-härter 37
— -vergüten 51

Edelstähle 2, 106
Einhärtung 37
Einlagerungsmischkristall 9, 35
Einsatzstähle 57
Einschluß 42, 92
Einschnürung 94
Eisen, α- 4
—, γ- 4
—, δ- 5
— -begleiter 34, 41
—, Eigenschaften 3, 35
— -erz 101
—, Guß- 1, 19
— -knetlegierung 1
— -Kohlenstoff-Diagramm 20
—, Roh- 102
— -schwamm 103
Elektrolyt 73
Elektrostahlverfahren 107

Element 3, 35
—, galvanisches 73
Elementarzelle 4
Entkohlung 54
Epsilon-eisen 3
— -karbid 31
Erholung 8, 85, 86
Ermüdung 96
Erz 101
— -aufbereitung 100
ESU-Verfahren 108
eutektoid 18

Feder 32, 78
— -stähle 51
Feinen 42, 107
Feinguß 109
Feinkornstahl 50
—, Einsatzhärtung 57
—, perlitarm 50
—, Tieftemperatur 97
Ferrit 15
— -korngröße 57
— -stabilisierung 37
Ferrolegierung 107
Flammhärtung 54
Flocken 43, 92
Formgebung 108
Frischen 41, 104

Gamma-eisen 4
— -Mischkristall 10, 86
Gangart 100
Gasblasen 42, 92
Gefüge (siehe auch Bildanhang) 17
— -beurteilung 91
Gichtgas 103
Gießen 109
Gitter 3
— -aufbau, Eisen 4, 5
— —, Legierungselemente 35
— —, Verbindungen 11
— -fehler 7
— -parameter 4
Gleichgewicht 13, 25
Glühen 27
Graphit 19
Grobkornglühen 28
Gußeisen 1, 19

Härtbarkeit 1, 37
—, Einsatzstahl 57
—, Härtetemperatur 38
—, Kaltarbeitsstahl 61
—, Schmelzenabhängigkeit 39
—, Schnellarbeitsstahl 69
—, Stirnabschreckprobe 39
—, Vergütungsstahl 51
Härten, Abschreck- 25, 29
—, Aus- 33
—, Direkt- 57
—, gebrochenes 30
—, Kalt- 33
—, Oberflächen- 54
—, partielles 30, 54
—, Warmbad- 30
Härteprüfung 98
—, Vergleich Zugfestigkeit 98
Heißbruch 42
heterogen 12
Hochofen 101
homogen 12

Induktionshärtung 54

Jominyprobe 39

Kaltarbeitsstahl 59
Kaltverfestigung 8, 33
Karbid-auflösung 13, 38
— -einformung 17, 27
— des Eisens 11, 15
— -härte 62, 63
— in Kaltarbeitsstahl 59, 63
—, Korngrenzen- 18
—, kugeliges 17
—, Ledeburit- 21, 62, 63, 69
— in nichtrostendem Stahl 75, 78
— in Schnellarbeitsstahl 69
—, Sonder- 67, 69
—, stabiles 78
— in Warmarbeitsstahl 67
Karbonitrieren 59
Keim, Erstarrung 7
—, Perlit 17
—, Rekristallisation 8
Kerbschlagbiegeversuch 96
Kernfestigkeit 30, 57

Kobalt, Austenitstabilisierung 37
—, Eigenschaften 35
— -legierung, warmfest 86
— in martensitaushärtendem Stahl 50
— in Schnellarbeitsstahl 71
Koerzitivfeldstärke 88
Kohlenstoff, Austenitstabilisierung 37
—, Eigenschaften 35
—, Einfluß 14
—, Entfernung 104
—, Herkunft 34
—, Schweißbarkeit 47
Korn 7
— -grenze 7
—, grobes 28, 75
— -größe, Ferrit- 57
— —, Austenit- 57
— -verfeinerung 28, 38, 43, 50, 57, 97
— -wachstum 28
— -zerfall 74
Korrosion 72
—, Chlor 73
—, Hochtemperatur- 79, 81
—, interkristalline 74, 75, 78
—, Kontakt- 73
—, Loch- 74
—, Spalt- 74
—, Spannungsriß- 74
Kriechen 82, 84, 86
Kristall 3, 7
Kristallit 7, 11
kubisch flächenzentriert 4
— raumzentriert 4
Kugellagerstahl 62
Kunststofformenstahl 64
Kupfer, Austenitstabilisierung 37
—, Eigenschaften 35
—, Herkunft 34
— in nichtrostendem Stahl 78
— in schweißbarem Stahl 50
— in wetterfestem Stahl 47, 72
Kurzbezeichnung der Stähle 44

LD, LDAC-Verfahren ▪105
Leerstelle 9, 13
legieren 1, 34, 107
Legierungselemente, Eigenschaften 35
—, gelöst 9
—, Kurzname 44

Sachverzeichnis

Legierungselemente, Wirkung 14, 34
— —, Kohlenstoff 14
— —, übrige 34
Legierungskosten 38
Lochfraß · 74, 78
Löslichkeit 10
—, Kohlenstoff 15
—, Legierungselemente 34
Lösung, feste 9
— von Karbiden 22
Lösungsglühen 33
Lokalelement 73, 79
Lufthärter 38, 41
Lunker 92
Luppe 104

Magnetisierung 88
makroskopisch 92
Mangan, Austenitstabilisierung 37, 78, 90
—, Desoxydation 42
—, Eigenschaften 35
—, Entfernung 104
—, Härtbarkeit 38
— -hartstahl 64
—, Herkunft 34
—, Legierungskosten 38
Martensit 25
— -aushärtung 50, 79
Maßänderung 64
Massenstähle 1, 47
Matrix 38
Metallographie 91
mikroskopisch 92
Mischkristall 9, 33, 86
Molybdän, Ähnlichkeit mit W 69
—, Anlaßbeständigkeit 63, 65, 69
—, Eigenschaften 35
—, Ferritstabilisierung 37
—, Härtbarkeit 38
—, Karbidbildung 65, 69
—, Legierungskosten 38
—, Lochfraß 78
—, Nitridbildung 55
—, Warmfestigkeit 82
M_s; M_f-Temperatur 25

Nickel, Austenitstabilisierung 37, 78, 90

Nickel, Eigenschaften 35
—, Härtbarkeit 38
—, hochwarmfeste Legierungen 86
—, Legierungskosten 38
—, Tieftemperaturzähigkeit 97
—, Wärmeausdehnung 87
Niob, Eigenschaften 35
— in Feinkornstahl 50
—, interkristalline Korrosion 74, 75, 78
—, Warmfestigkeit 82
Nitrierstahl 55
Normalglühen 28, 33

Oberflächenhärtung 54
Ölhärter 38, 41, 55, 62, 64
Ordnungszustand 12, 16

Passivschicht 72, 73
Pendelglühen 27
Perlit 17
—, feinstreifiger 23
Phase 12
—, Laves- 11
—, Sigma- 11, 81
Phosphor, Eigenschaften 35
—, Entfernung 104
—, Ferritstabilisierung 37
—, Versprödung 32, 41
Polierbarkeit 42, 64, 79, 107
Potential, elektrochemisches 72
Prüfung 91

Qualitätsstähle 2, 53, 54

Raumgitter siehe Gitter
Reduktion 102
—, Direkt- 103
Rekristallisation 8, 68, 85, 86
Remanenz 88
Restaustenit 25, 64, 71
Risse, Brand- 68
— beim Härten 30, 38, 41
— beim Schweißen 42, 47, 49
—, Thermoschock- 68
Rockwellhärte 98
Röntgenstrahlen 93
Rosten 47, 72
Rückfeinen 57, 75

116 Sachverzeichnis

Salzbad 30, 55, 57
Sauerstoff-aufblasverfahren 105
—, Entfernung 107, 108
—, Frischen 104
—, Herkunft 34
—, nachteilige Einflüsse 42
Schaeffler-Diagramm 77
Schalenhärter 37, 62
Schlacken 42, 102, 104
— -zeile 92
Schmelzanalyse 90
Schnellarbeitsstahl 68
Schwefel, Einfluß 42
—, Eigenschaften 35
—, Entfernung 102, 107, 108
—, Ferritstabilisierung 37
—, Herkunft 34
—, Zerspanbarkeit 42, 51, 71
Schweißbarkeit 42, 47
Seigerung 41, 42, 92
Sekundärhärte 63, 67, 71
Selen 42
Shorehärte 99
Siemens-Martin-Verfahren 105
Silizium, Desoxydation 42
—, Eigenschaften 35
—, Entfernung 104
—, Ferritstabilisierung 37
—, Härtbarkeit 38
—, Herkunft 34
—, Legierungskosten 38
—, Zunderbeständigkeit 79
Sintern 100, 109
Spannungsfreiglühen 27, 74
Stabilglühen 74
Stabilisierung des Austenits 36, 86
— des Ferrits 37
Stahl, austenitischer 37, 64, 73
—, Automaten- 42
—, Definition 1
—, Edel- 2, 53, 54, 106
— -erschmelzung 104
— -erzeugung 100
—, ferritischer 37, 73, 75, 81
—, halbferritischer 75
—, hitzebeständiger 79
—, hochfester 50
—, hochwarmfester 68, 81, 85
—, kaltzäher 98

Stahl, korrosionsbeständiger 72
—, Kurzname 44
—, magnetische Eigenschaften 87
—, martensitaushärtender 50, 66
—, martensitischer 37, 73
—, Massen- 1, 47
—, naturharter 47
—, nichtmagnetisierbarer 90
—, nichtrostender 64, 74
— für Oberflächenhärtung 54
—, perlitischer 37
—, Qualitäts- 2, 53, 54
—, unberuhigter 42
— -veredelung 106
—, warmfester 81
—, wetterfester 47
—, zunderbeständiger 79
Stickstoff, Austenitstabilisierung 37, 43, 79
— in Baustählen 48
—, Eigenschaften 35
—, Einfluß 42
—, Feinkorn 57
—, Herkunft 34, 105
— beim Karbonitrieren 59
— beim Nitrieren 55
— beim Schweißen 47
Stirnabschreckversuch 39
Streckgrenze 47, 94
Stückanalyse 91
Substitionsmischkristall 9, 35
Sulfide 42, 50

Teniferverfahren 55
Thomas-Verfahren 104
Tiefkühlung 25
Titan, Eigenschaften 35
— in Feinkornbaustahl 50
—, Ferritstabilisierung 37
—, interkristalline Korrosion 74, 75, 78
— in martensitaushärtendem Stahl 50
—, Warmfestigkeit 82

übereutektoid 18
Überhitzung 28, 38, 92
Ultraschallprüfung 93
Umklappen des Gitters 6
— zu Martensit 25

Sachverzeichnis

Umkristallisieren 28
Umwandlung des Gitters 5
— des Austenits 23
Umwandlungsglühen 27
Umwandlungsverhalten 34
Ungleichgewicht 25
untereutektoid 18
Vakuum-Verfahren 107
Vanadin, Anlaßbeständigkeit 63, 65, 67
—, Eigenschaften 35
— in Feinkornstahl 50
—, Ferritstabilisierung 37
—, Härtbarkeit 38
—, Karbidbildung 62, 65, 69
—, Legierungskosten 38
—, Überhitzung 38
—, Warmfestigkeit 63, 65, 67
Verbindungsbildung 11, 84, 86
Verbindung, intermetallische 11, 50, 67
Verfestigung 8
Vergüten 32
—, Tieftemperaturzähigkeit 97
—, Warmarbeitsstahl 65
Vergütungsstahl 51
—, schweißbar 50
—, warmfest 82
Verhüttung 100
Verschleißbeständigkeit 59, 64, 69, 78
Versetzung 8
Versprödung beim Anlassen 31, 32
—, Chromstahl 81
—, Einschlüsse 42
—, Roheisen 103
—, Stickstoff 42, 47
—, Tieftemperatur 47, 97
—, Wasserstoff- 43
—, Zeitstand- 84
Verzug 28, 30, 63
Vickershärte 99

Wärmeausdehnung 6, 79, 87
Wärmebehandlung 27
Warmarbeitsstahl 65
Warmauslagern 33, 86
Warmbad 30
Warmfestigkeit 66, 68
Warmformgebung 109
Warmhärte 68, 82

Wasserstoff, Eigenschaften 35
—, Einfluß 43
—, Entfernung 43, 108
—, Herkunft 34
Weichglühen 27
Werkstoffnummer 46
Werkstoffprüfung 91
Werkzeugstahl 59
Winderhitzer 101
Wöhler-Kurve 96
Wolfram, Ähnlichkeit mit Mo 69
—, Anlaßbeständigkeit 63, 65, 69
—, Eigenschaften 35
—, Ferritstabilisierung 37
—, Karbidbildung 62, 65, 69
—, Warmfestigkeit 63, 65, 69

Zähigkeit 8, 31, 47, 50
—, Kerbschlag- 97
—, nichtrostender Stahl 78
—, Reinheitsgrad 107
—, Tieftemperatur- 50
—, Vergütung 33, 51
—, Werkzeugstahl 59, 65
Zeitfestigkeit 96
Zeitstandverhalten 80, 82, 95
Zementit 14, 31
Zerspanbarkeit, Gefügeeinfluß 59
—, Grobkorn 29
—, Sulfide 42, 51
Zinn, Anlaßprödigkeit 41
—, Herkunft 34
Zirkon, Desoxydation 42
— in Feinkornbaustahl 50
ZTA-Schaubild 22, 55
ZTU-Schaubild, Härtbarkeit 40
—, isotherm 26
—, kontinuierlich 23
Zugfestigkeit 94
—, Vergleich zu Härte 98
Zugversuch 94
Zundern 72, 79
Zustand 12
—, flüssig 1, 7
Zustandsfeld 16
Zustandsschaubild Eisen-Kohlenstoff 16—20
Zwischengitterplatz 4, 5, 6, 10, 12
Zwischenstufe 24

Bild I. Gefüge eines unlegierten Stahles mit ungefähr 0,4% C hell: Ferritkörner; dunkel: Perlitkörner, deren streifiger Aufbau erst bei noch stärkerer Vergrößerung sichtbar würde. M 200:1

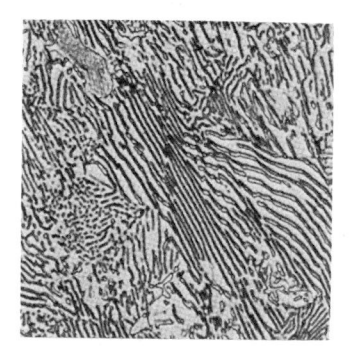

Bild II. Perlitgefüge eines unlegierten Stahles mit 0,8% C. M 1000:1

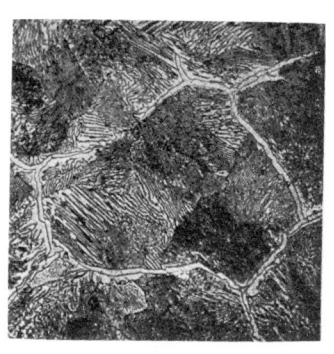

Bild III. Gefüge aus Perlit und Korngrenzenkarbid eines Stahles mit etwa 1,2% C. M 500:1

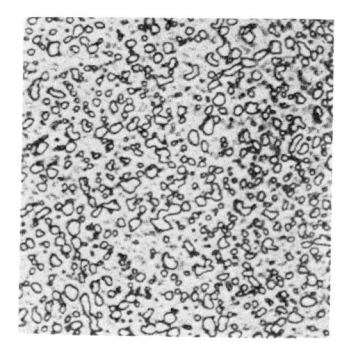

Bild IV. Gefüge aus Ferrit und kugelig eingeformtem Karbid eines weichgeglühten Stahles mit rund 1% C. M 1000:1

Bild V. Zwischenstufengefüge in einem Einsatzstahl. M 300:1

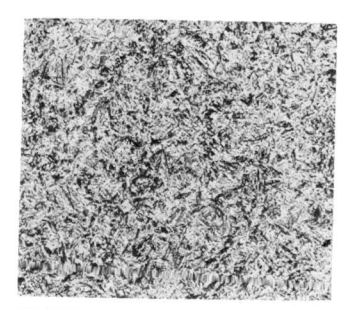

Bild VI. Martensitgefüge eines gehärteten Stahles mit 0,45% C. M 300:1

Bild VII. Restaustenit (hell) mit Martensitnadeln (dunkel) in der überkohlten Randzone eines Einsatzstahles. M 400:1

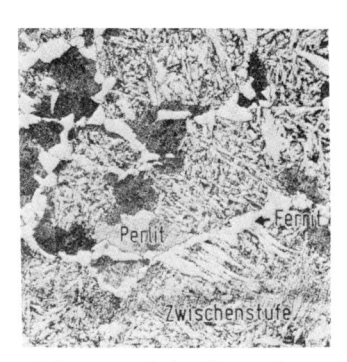

Bild VIII. Mischgefüge mit ungünstiger Zerspanbarkeit in einem Einsatzstahl. M 400:1

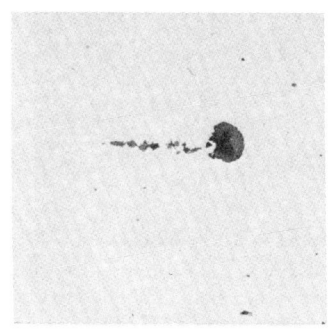

Bild IX. Bei der Warmumformung zerbrochene und zur Zeile ausgestreckte spröde Oxydschlacken. M 200:1

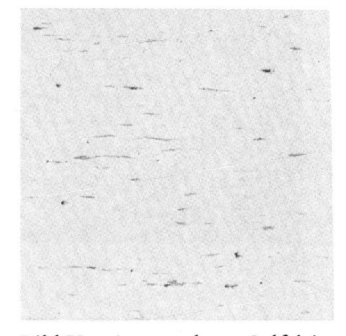

Bild X. Ausgewalzte Sulfideinschlüsse in einem Automatenstahl. M 200:1

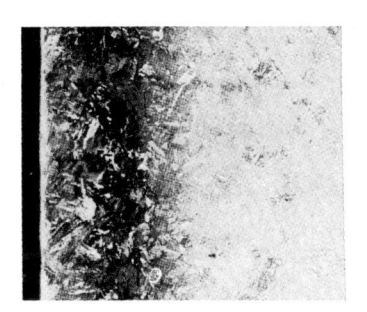

Bild XI. Nitrierte Randzone des Stahles 34 CrAlNi 7 V. Die helle Oberflächenschicht wird als Verbindungszone, der darunterliegende dunkel angeätzte Bereich als Diffusionszone bezeichnet. M 400:1

Bild XII. Bruchproben des Einsatzstahles 16 MnCr 5, 35 mm ⌀ nach Direkthärtung aus der Einsatztemperatur 950 °C; links mit 0,03% säurelöslichem Aluminium; rechts ohne Aluminiumzusatz

Bild XIII. Karbide in einem gehärteten Stahl mit ungefähr 1% C (Grundmasse im Kontrast dunkel geätzt). M 300:1

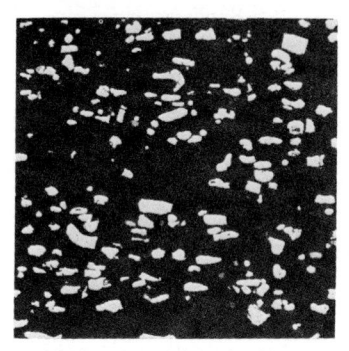

Bild XV. Ledeburitkarbide in einem gehärteten Stahl mit 2% C und 12% Cr. M 300:1

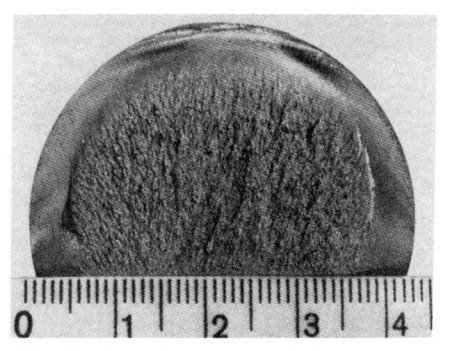

Bild XIV. Bruchfläche eines Schalenhärters.

Bildanhang 121

Bild XVII. Gefüge aus Ledeburitkarbiden (hell) in gehärteter und angelassener Grundmasse eines Schnellarbeitsstahles. M 500:1

XVIII. Lokalkorrosion (Lochfraß) in einem nichtrostenden austenitischen Stahl M 200:1

Bild XVI. Durch Thermoschock entstandene Brandrisse an einem Druckgußformeneinsatz. M 1:2,5

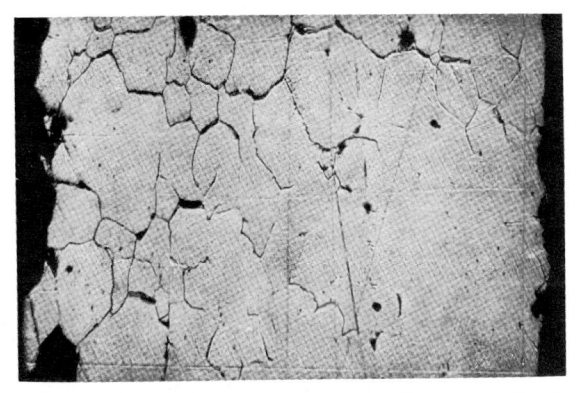

Bild XIX. Kornzerfall durch interkristalline Korrosion in einem nichtrostenden austenitischen Stahl. M 200:1

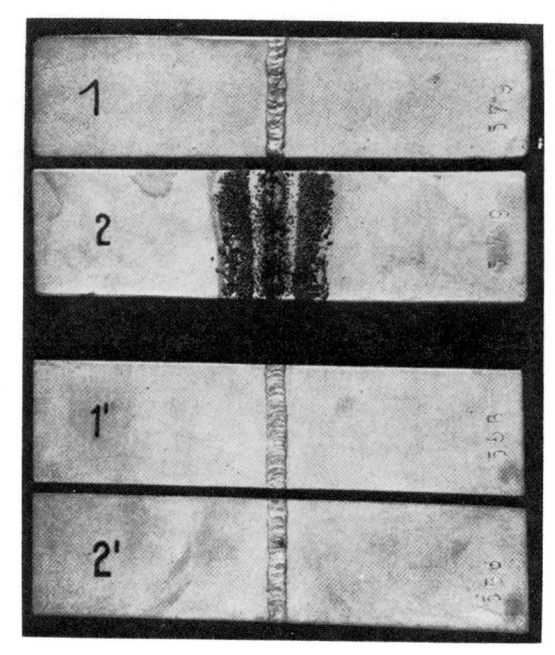

Bild XX. Einfluß einer Titanstabilisierung auf die Beständigkeit austenitischer Chrom-Nickel-Stähle gegen interkristalline Korrosion nach dem Schweißen.
Probe 1 und 2: X 12 CrNi 18 8
Probe 1' und 2': X 10 CrNiTi 18 9
Probe 1 und 1' vor und Probe 2 und 2' nach der Einwirkung einer Lösung von Kupfersulfat + 10% Schwefelsäure

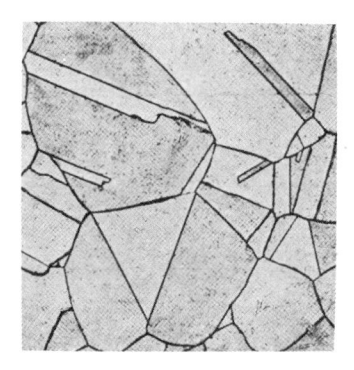

Bild XXI. Austenit
M 500 : 1